天下文化

BELIEVE IN READING

哈佛大學教授
給組織領導者的
AI時代競爭策略

領導者的數位轉型

馬可・顏西提 Marco Iansiti、
卡林・拉哈尼 Karim R. Lakhani ——著
李芳齡——譯

Competing
in the Age of
AI

Strategy and Leadership
When Algorithms and Networks
Run the World

目次

作者序

本書將「人工智慧時代」定義為：為因應數位網路、數據分析與人工智慧所共同形塑的商業環境變化，企業轉型成為的嶄新組織型態。這種組織型態的主要特徵是採取一種橫向連結的營運架構，從而實現規模、範疇與學習式的指數型成長。傳統公司的封閉型營運架構則剛好相反，不僅嚴重限制組織的成長與反應能力、阻礙決策的在地化，導致無法敏捷的溝通與協調，還讓技術與數據隱藏在各單位手中而無法有效交流共享。新營運架構使電腦科學家所謂的「弱人工智慧」（weak AI）能被快速且普遍的有效應用：多數現成的演算法都已針對特定案例需求進行微調，能夠順利執行公司絕大多數的操作性工作。

本書將檢視在人工智慧時代中，各種產業呈現出的相同競爭模式：數位型公司（digital firms）衝撞傳統型公司。像是螞蟻科技集團衝撞傳統銀行業、YouTube及網飛（Netflix）衝撞傳統娛樂業、Airbnb衝撞傳統旅館業，這不過是其中的三個案例。在這些衝撞的過程中，我們可以看到當一個指數型系統發展至飽和狀態時（也就是即將觸動快速發展的臨界點）將會發生什麼事情。

我們不妨先回想一下高中時學習的微積分，指數曲線起初看起來相當平坦，之後上升速度開始急遽遞增，這就是螞蟻集團、YouTube與Airbnb的情況。這些數位型公司起初提供的價值有限，居於領先地位的企業往往漠視新進競爭者，甚至可能完全沒有注意到它們；即使有注意到，也往往會把事情合理化、忽視全新競爭型態的挑戰。隨著數位型公司帶來的威脅逐漸增加，領先者們往往會試圖減緩新競爭者的成長速度，可能是向消費者宣傳它們的缺點，或是遊說監管機構予以管制。直到新競爭者仍然持續茁壯，領先者才開始在自身營運上做出反應，積極推動系統轉型及數位化，但多半為時已晚。一旦指數型公司跨越臨界點後，成長速度就會爆發出來，使傳統型公司難以招架。從安卓系統（Android）與諾基亞、亞馬遜與邦諾書店（Barnes & Noble）、YouTube與維亞康姆（Viacom）、到螞蟻集團與滙豐銀行，都一再上演著相同的戲碼。

我們原本就知道新型組織型態的崛起已無可避免，甚至在撰寫本書的過程中，我們仍認為經濟轉型要花上好幾年，因而有充裕時間讓多數傳統型公司做出反應與調適。然而出人意料的是，本書英文版在二〇二〇年一月出版之際，爆發新冠肺炎（Covid-19）疫情，快速的改變全球經濟及社會局勢，使所有組織被迫在一夕之間完成數位化工作。很明顯的，疫情迫使公司必須立即開始轉型，以因應另一種指數型威脅：新型冠狀病毒。

遇見指數型成長

用新冠肺炎危機來說明當指數型系統衝撞傳統型系統時會發生什麼事，可說是一個再好不過的例子。在疫情爆發之初，病毒的確成功騙過了我們。時間回到二〇二〇年一月及二月，當時我們正為宣傳本書而奔波美國及歐洲各地，渾然不知自己正坐在一個即將以全球規模引爆的炸彈上。我們前往波士頓、芝加哥、洛杉磯、舊金山、倫敦、慕尼黑、巴黎、米蘭等地演講，這時有關中國疫情的報導已經愈來愈驚人，但我們完全沒有多加留意。

顏西提從巴黎飛往米蘭的那一天，歐洲的新冠肺炎疫情已悄悄達到臨界點。班機起飛後，他注意到一些乘客憂心忡忡的看著手機，一對夫婦戴上口罩。等到顏西提和他的太太抵達米蘭時，手機語音信箱已經快被塞爆。從米蘭馬爾彭薩機場（Malpensa Airport）前往投宿飯店的車上，我們得到這些訊息，開始了解到一個重大的危機正在展開，這才得知新冠肺炎病例數在過去幾天以十倍速增加，病毒已經席捲米蘭附近的一些城市，許多城市甚至已經封閉。我們立刻換乘開往蘇黎世的車，在途中睡了幾個小時，然後搭機直接飛回美國波士頓。在接下來的日子裡，我們只能驚恐的眼睜睜看著病毒讓所有人陷入困境。

新型冠狀病毒對全球衛生和經濟機構造成嚴重破壞，以驚人的速度展示指數型成長可以如此輕易的壓垮傳統型組織（如衛生系統、學校系統、醫藥供應、食品配送、金融服務等）。在新冠肺炎疫情初期，多數組織及政府都沒怎麼關注，導致它們在技術、醫療與防護用品、流程與系統上無法有效因應，因而無法在短期間有效控制疫情。

衝撞就是這樣發生的。

忽視一個指數型成長系統、任憑它跨越臨界點，就是這場災難的根源。正如同我們在傳統型與數位型公司的衝撞中看到的那樣，唯一的救命策略是清楚認知威脅、立即做出反應，並擬定周延的長期轉型計畫。如果我們能及早意識到指數型威脅，就能在威脅來襲前用拖延戰術來控制它，或是盡其所能的增強防禦措施。以新冠肺炎為例，拖延戰術包括普及的症狀追蹤、隔離、保持社交距離；防禦措施則包括大舉投資傳染病檢測技術、增加相關醫療與防護用品庫存，以及在醫院設立更多加護病房。

除了基本的準備外，應付指數型威脅最有效的方法就是建立一個相應的運作架構，用迅速敏捷的指數型反應來面對挑戰。我們在檢視那些能夠有效因應疫情的組織時，發現這些組織（不論是傳統型或數位型組織）都能夠以深度且整合的數據為基礎，在軟體、分析工具與人工智慧技術的幫助下做出強力且有效的營運決策。

實在想不到還有什麼是比新型冠狀病毒更好的證據，可以用來證明組織轉型的迫切性。我們已經沒有繼續拖延的藉口，每一個組織都必須開始致力於組織流程、營運系統與競爭能力的變革，深化組織的數位規模、範疇與學習。不論你的組織型態是新或舊，即使病毒沒有找上你，競爭者終究也會找上你。

讓我們來看看一些例證。

一家與眾不同的公司

當我們忙著為本書出版到處奔走、對疫情還渾然未覺之際，有一些組織已經積極投入對抗新冠肺炎的工作。先來看看疫情爆發的頭幾個星期發生什麼事：

- 二〇一九年十二月三十一日，武漢市衛生健康委員會通報該市發生一連串肺炎病例。[1]
- 二〇二〇年一月四日，世界衛生組織在社群媒體上報告武漢出現一連串肺炎病例，無人死亡。
- 二〇二〇年一月五日，世界衛生組織首次發布新型冠狀病毒的「疾病爆發新聞」（DONs）。麻州劍橋的莫德納生技公司（Moderna，後文簡稱為莫德納）執行長班賽爾（Stéphane Bancel）注意到這則報導。
- 二〇二〇年一月十二日，中國公開分享新型冠狀病毒的基因序列。
- 二〇二〇年一月十三日，美國國家衛生院（US National Institutes of Health）與莫德納生技公司的傳染病研究團隊共同合作，完成該公司對抗新冠肺炎的疫苗「mRNA-1273」數位排序。[2]
- 二〇二〇年二月七日，莫德納設於麻州諾伍德鎮（Norwood）的工廠製造出第一批臨床試驗疫苗。
- 二〇二〇年二月二十四日（我們正從歐洲飛回美國），莫德納的第一批臨床試驗疫苗運抵美國國家衛生院，率先進入第一期臨床試驗。

- 二〇二〇年五月七日，莫德納宣布，美國食品及藥物管理局（FDA）的第一期審查成功完成，準備展開第二期臨床試驗，第三期則預計於二〇二〇年夏初展開，有望在十二月初正式推出疫苗。

莫德納取得前所未有的進展。如果它們真的能夠如期獲得FDA的批准，從開始研發到正式問市才用了不到十一個月，將創下有史以來最快速的疫苗研發紀錄。

「生命的軟體」

莫德納是一家與眾不同的生物科技公司，從許多方面來看，這個組織彷彿是為快速因應指數型影響而量身打造。

執行長班賽爾將莫德納形容為「恰好從事生物產業的科技公司」。[3]二〇一〇年，莫德納在共同創辦人艾菲揚（Noubar Afeyan）旗下的旗艦創投（Flagship Pioneering）資金挹注下正式誕生，致力於研發「信使核糖核酸」（messenger RNA，簡稱mRNA）技術的醫療應用。

傳統疫苗的生產方式，是先將一段能生產目標蛋白質的DNA放入微生物中進行培養，讓微生物將DNA轉錄為RNA，再將RNA轉譯為蛋白質，最後萃取目標蛋白質製成疫苗。但莫德納有著截然不同的技術基礎。mRNA就像是「生命的軟體」，帶有與DNA相應的遺傳訊息，能夠像「信使」般傳遞轉譯蛋白質訊息，而莫德納的mRNA疫苗是直接將RNA送入人體，由人體細胞自行生產能夠對抗特定疾病所需的蛋白質，能夠大幅減少疫苗開發及量產所需的時間。

莫德納的疫苗發展關鍵是將mRNA指令嵌入有機載體中，透過有機載體將編碼導入人體細胞。這個有機載體稱為「質體DNA」（DNA plasmids），它就像一個能夠攜帶不同特定mRNA指令的平台。莫德納的製程就是生產大量DNA質體，並嵌入特定疫苗所需的mRNA編碼。該公司的技術長兼品質長安德里斯（Juan Andres）表示：「我們的主要優勢之一，是擁有一個能夠驅動各種不同應用、不同疫苗需求的開放平台，所有的知識與經驗都能透過這個平台持續累積。」mRNA平台首席科技總監摩爾（Melissa Moore）則率領上百名科學家組成的團隊持續改進mRNA技術，使臨床研究人員能詳細思考如何把mRNA應用在各種健康問題。摩爾及其團隊對mRNA平台的依賴，就如同程式開發者需要利用蘋果iOS或Google安卓系統的核心應用程式介面（APIs）及軟體開發工具來創造新的應用程式。

莫德納之所以能夠成功，靠的是我們所謂的「人工智慧工廠」（AI factory，參見第三章），意指從研發到公司的各個層面，都是採取以數據為中心的營運模式。莫德納是以一個整合性的資料平台為基礎：在統一且兼容的「記錄系統」中，嵌入源自每一個部門的專業數據。這樣的結構使資料得以被快速且可靠的組合與重組，以支持科技與商業應用的無限可能性。從研發到製造、從財務到供應鏈管理，由演算法驅動每一個部門的業務執行。

「人工智慧工廠」的基本概念，就是將公司的資料、分析及人工智慧方法予以工業化。莫德納的人工智慧工廠為分析工作做的事，也就是一百多年前工業化為製造流程所做的事：用有系統的、標準化的方式去登錄、集中、清理、正規化及整合處理資料，並以應用程式介面提供給團隊用於新的商業應用。資料平台構成該公司的核心，公司則聘請科學家和經理人去監督平台、運用平台的力量。不論是供應鏈預測或財務建模、疫苗設計或大規模製造生產，都是資料所驅動的演算法負責運作。莫德納的技術也影響著該公司的組織架構與流程，事實上莫德納的數位長、同時也是該公司的流程卓越長達米安尼（Marcello Damiani），擔負的任務就是推動全公司的流程變革，他認為既然已經擁有新的數位及人工智慧技術，就沒有道理再去修修補補那些舊有流程來改善它們的效率。因此他帶領團隊積極與各部門共同合作，重新設計新的作業流程，以提高速度、效率及創新。

寫下這段話的此時此刻，我們還無法得知莫德納最後能否成功，但就目前有關這支疫苗效能的資訊來看，成果是相當令人鼓舞的。疫苗及藥物的研發過程往往充滿失敗與挫折，為了全人類的福祉，我們誠摯祝福莫德納及其他公司能獲得成功。不論最終結果如何，我們確信從此以後，疫苗及醫療保健產業的發展將再也不同於往昔。

迎接新冠病毒的衝擊

我們與醫療系統工程師一起建立模型，並據此提早擬定應對計畫。我們檢視來自中國、南韓以及世界許多國家的數據。特別是義大利，我們能夠取用來自該國的大量數據。然後，我們拿麻省總醫院及群醫照護系統（Partners Healthcare）獲得的經驗來和義大利中北部的經驗相比較，試著預測我們接下來在疫情流行時可能遇到的情況。

——麻省總醫院緊急準備事務副主任　畢丁格（Paul Biddinger）

疫情在二〇二〇年初開始急轉直下，除了中國，新型冠狀病毒在許多國家也已經瀕臨臨界點。三月時，美國的疫情進入指數型成長階段，每隔幾天，病例及死亡人數就會翻倍。美國的職場也急遽變化，二〇二〇年三月十四日至三月三十日的短短兩週內，有超過半數勞動人口開始在家工作，當時美國出現的「數位轉型」（digital transformation）可能比過去十年來都還要多。在此同時，我們所屬的哈佛商學院動員超過一百二十五名教師及兩百五十名職員，用僅僅兩週的時間，辛苦的把兩千名企管碩博班學生的課程移至線上。許多人相信若非此次疫情，如此規模的改變恐怕得花上幾十年。

在我們親眼見證超高速轉型之際，也眼睜睜看著感染人數急遽攀升、加護病房床位不足、醫療用品供給量告急。所幸一些醫療保健組織已經提早幾個月前便做好準備，預先進行轉型工作，以應付無可避免的病毒衝擊，麻省總醫院（Massachusetts General Hospital）就是一個最好的例子。

麻省總醫院在兩百一十年前為照顧窮人而創立，至今依然信守這個使命。麻省總醫院擁有深厚傳統，重視嚴謹的分析方法、極具創意卻有條不紊的創新，激發出始終以病患為中心的信念，奠定快速反應與危機管理能力。

麻省總醫院的歷史比莫德納悠久很多，不僅基礎資訊設備過時，還被各種規則與流程綁手綁腳，怎麼看都是一個傳統型組織。然而在人類面臨攸關生存的威脅時，這間醫院卻能在開明領導下飛快轉型，建立起像數位型組織那樣高效率且橫向整合的資訊架構。

麻省總醫院從二〇二〇年一月就開始規劃它對新冠肺炎的因應，透過中國、義大利等地的疫情資料彙整出疾病特徵，並清楚的描繪出醫院接下來將面臨哪些壓力。這家醫院一直是封閉式的傳統組織結構，但現在必須採取行動，快速建立一個資訊處理中心，負責檢視來自各國資料的有效性並加以適當處理，以預測醫院各部門在因應新冠肺炎時所需承受的負載。

主導因應行動的是一支跨部門團隊，包括：緊急準備事務副主任畢丁格、急診重症醫學部成員、領導團隊的資深副總暨緊急準備事務主任普瑞斯提皮諾（Ann Prestipino），以及負責統籌麻省總醫院及群醫照護系統數位轉型工作的施萬（Lee Schwamm）。

面對即將來臨的疫情大流行，麻省總醫院盡一切努力去擴增病患容納量、醫療系統反應力及敏捷性，致力於創建及部署一個能夠協調整合組織數據、資訊與行動的架構，以應付預期將面臨快速成長的新冠肺炎病例。透過這個資訊架構，麻省總醫院得以提早辨識出所有可能遭遇的問題（例如N95口罩及呼吸器短缺、加護病房容納量不足等等），並預先規劃院病患激增時的適切因應流程。

麻省總醫院因應危機的核心架構是建立在資訊系統與數據平台上，這個資訊系統擔負匯總資料、整合有關臨床結果的資訊，根據資料及供應鏈預測來規劃各系統、財務及容量負荷等重責。這使得麻省總醫院的團隊能快速發展及部署每個部門適用的儀表板，為臨床醫師提供清晰可見、隨時應需求變化做規劃的預測模型。

麻省總醫院危機管理組織把系統及行動匯整起來，以橫向架構協調與整合跨部門數據與資訊、分享與危機有關的重要營運活動。這個組織扮演行動控管塔台的角色，統合麻省總醫院的策略及營運架構驅動各部門轉型。

在應付棘手的疫情過程中，麻省總醫院獲得的一項最重要的成果是擁抱及部署遠距醫療。遠距醫療平台原本是該醫院的醫療服務中不那麼重要的業務，但在這次疫情中，這種平台卻快速發展成多數科部的主要作業模式。現在，虛擬連結不僅是病患及醫護人員之間重要的互動方式，也是醫護人員彼此的溝通管道，他們使用線上社群來分享資訊、輔助、訓練及指導。麻省總醫院緊急醫療部主治醫師暨數位醫療研究員魏博（Kelley Wittbold）這麼說：「我原以為得再花個十年去和政策制定者及被保險人爭論，才有可能說服他們相信數位醫療及遠距醫療的價值。沒想到，新冠肺炎只用幾週的時間就達成這個目標。」[4]

種種努力終究迎來美好成果，麻省總醫院成功的拯救無數生命，在疫情期間，幾乎每個醫護部門都達成優異的表現。魏博說：「在危機中，整個醫院展現高度團結與協調。」從許多方面來看，麻省總醫院的轉型之道為本書第五章將討論的數位轉型範例準備好舞台，它大致上符合我們所提出的原則，但轉型的速度之快則遠遠超乎我們的想像。

麻省總醫院的故事告訴我們兩件事。第一，關鍵時刻來臨時若能聚焦組織使命，加上平日奠定好的適切能力，即便是缺乏最新技術系統的傳統型組織也能快速轉型。成功打造跨部門的橫向架構，正是得以協調整合不同部門的複雜資訊、展現前所未有敏捷性的關鍵所在。第二，就資訊分析而言，部署一個「以數據為中心」的科學推理核心團隊至關重要。簡單來說，當生命危在旦夕，已經完全沒有假新聞、假數據、組織政治行為的存在餘地，能夠激發出「以資料為中心、以分析為根據的領導態度」，正是促使傳統組織轉型成以數據及人工智慧為核心的數位型組織不可或缺的關鍵要素。

至今，麻省總醫院的挑戰尚未終結。疫情趨緩後，下一個挑戰將是如何內化在危機期間學到的東西，並繼續推動轉型。不只是麻省總醫院，新冠肺炎已經激發許多組織完成傑出的行動，成功繞過存在已久的繁文縟節、接受前所未有的變革。接下來，讓我們來看看其他產業的情況。

快速啟動數位轉型

過去我們常被問到：「老公司也可能成功數位轉型嗎？」毫無疑問的，在麻省總醫院的案例中已經得到清楚的答案。其實不只是醫療保健產業，新冠肺炎的急迫威脅已然改變所有的產業。許多看似根深蒂固的傳統型公司已經發現自己其實也能轉型，而且竟能轉型得如此快速。

維繫網際網路運作

當「社交距離」改變我們的工作日常，網際網路服務已成為人類不可或缺的基本需求。電信公司必須做好準備，隨時因應各種干擾因素，以維繫這項極為關鍵的服務。然而威訊通訊（Verizon）全球資訊長阿魯姆蓋維魯（Shankar Arumugavelu）卻承認，即使身為全球最大電信公司，過去也從未擬定足以應付像新冠肺炎這樣巨大危機的教戰手冊。

過去電信公司最重要的任務，是在用量爆增下確保提供穩定的網路服務及頻寬。然而在疫情期間，威訊通訊共十三萬五千名員工絕大多數必須在家裡工作，並且必須繼續維繫營運所需的工具與流程。此外，一萬多名服務技師無法前往客戶辦公室或住家執行安裝與維修工作。為此，威訊通訊快速部署軟體，讓技師以虛擬方式造訪客戶，遠距處理安裝與維修工作。

至於仍然開門營業的威訊通訊門市，建立起一種無接觸體驗的服務模式。例如：透過應用程式讓顧客預約與員工一同遠距瀏覽產品資訊、打造完全數位化的身分驗證及簽約流程、提供自助繳費機等無接觸付款選擇。

跟無數其他組織一樣，威訊通訊向來並非以反應敏捷而聞名，但疫情促使所有人加快部署的腳步，立即將過去擱置一旁的變革與創新方案付諸行動。時至今日，我們已經無法回頭，企業領導者及員工也逐漸接受一個基本事實：科技能夠強而有力的轉變公司的營運模式。和我們所訪談過的許多企業資訊長一樣，阿魯姆蓋維魯現在肩負一個使命：和事業單位齊力引進這些新技術，並實現永久性的改變。

數位化的零售體驗

如果你所屬的產業實在無法避免人際接觸，那該怎麼辦？在新冠肺炎肆虐之下，原本不怎麼熱衷展開數位化旅程的零售商們這下別無選擇，只能張開手擁抱電子商務，要不然就得歇業。從家庭式雜貨店到傑西潘尼百貨（JCPenney）和尼曼百貨（Neiman Marcus）等大型連鎖商店，許多零售業者已經不支倒地。對於全球零售業市值排名第七的宜家家居（IKEA）來說，這樣的衝擊來得既直接又猛烈，導致它在世界各地的四百三十三家「藍盒子」門市大多必須關門停業，突然間，業務來源只剩下電子商務了。

宜家家居立即做出反應，讓門市變成線上購物網站的出貨中心。在數位長柯波拉（Barbara Martin Coppola）領導下，用一週的時間將全球十三個地區的數據移到中央雲端系統，匯總及整合所有地區的資料；接著用三週的時間讓採購、訂價、配銷部門主管學習運用科技、數據及人工智慧，打造符合公司傳統的全數位化零售體驗。這是一個重大的變革。宜家家居過去是採分散式管理，在五十二個國家的電子商務市場中，各經理人可以決定其數位策略、訂價及顧客體驗；但在疫情爆發後，許多只有規劃、從未實行的數位轉型工作必須馬上被落實。

宜家家居的反應行動還不止如此。數位團隊推出「網購店取」（click and collect）的無接觸出貨模式，從而提高每人平均下單次數。在線上，先進的人工智慧不僅能向線上購物者推薦商品，更能擴增零售團隊的市場洞察。線上顧客看到最相關、最符合需求的推薦商品而購買更多品項，使單次購物總額爆增，線上商店營收成長三到五倍，獲利成長率出現大幅提升。

上述變革在在證明「用人工智慧而重新架構營運模式」所能創造的價值，而且這些價值在門市重新營業後並不會消失。「數位營運」與「實體營運」之間的傳統高牆已被粉碎，實體零售團隊已經將數位業務視為互補而非取代。柯波拉和她的團隊現在將焦點轉向用數位科技優化供應鏈及提高營運效率，他們把整個宜家家居移到一個共同的資料平台，設計各種演算法來增進顧客、員工及供應商的體驗。柯波拉期望宜家家居繼續擁抱的顧客至上理念，同時又讓員工能夠在門市及線上商店擴大與自動化決策的技術。

幫助身處危險中的人們

不論最終帶來的結果如何，數位型營運模式都能以趨近於零的邊際成本實現高度精準的目標定位，這樣的特性甚至能夠拯救無數人的性命。醫療系統在疫情大流行期間所面臨的一大挑戰是，由於十分懼怕感染新冠肺炎，人們即使已經出現其他健康問題，也會避免接觸醫師或前往急診。人工智慧可以有效解決這個問題，透過精準目標定位辨識出有危險的病患，並發送量身訂製的訊息，敦促他們和醫師聯絡或前往急診。

諾華製藥集團（Novartis）早在幾年就已經發展出先進的預測模型，能以適當且合乎法律規範的方式遠距診斷病患，而且確診時間往往可以比傳統診斷方式早個幾年。首席科學家納拉辛哈查利（Chitra Narasimhachari）的研究聚焦在多發性硬化症、僵直性脊椎炎等疾病的遠距診斷，相關成果備受矚目。

諾華的資料科學團隊致力於蒐集各供應商、各部門及各團隊的資料，進一步將資料清理、測試、整合及正規化（normalize），以打造出一個單一平台。與莫德納的「人工智慧工廠」相似，諾華的願景是讓相關數據可以被需要的人看到並使用，快速形成跨部門的有效預測模型。

新冠肺炎疫情來襲時，由副總拉伊（Bharti Rai）所領導的商業數據分析轉型仍在進行中，資料庫尚未完全連結與整合。這時平台功能還不完整，「人工智慧工廠」模式已經能在個別情境中運行，但尚未形成通用的營運模式。然而在疫情的衝擊下，諾華的各個部門都期盼能運用人工智慧的傑出預測能力在以下幾個方面：供應鏈部門需要知道該把產品運送至哪個市場、財務部門需要評估現金需求及預測獲利、研發部門需要預測藥物在全新應用領域的藥效與安全性的模型、銷售部門需要了解快速變化的臨床及顧客需求。最重要的是，幫助諾華團隊辨識出有危險的病患。

於是，諾華團隊傾力把一個可擴大規模的資料平台推進至超速檔。納拉辛哈查利加入拉伊的團隊，把中央化的「人工智慧工廠」化為真實，使它變得更強大，讓那些現在需要更多資料及人工智慧能力的前線事業領導者可以取用。諾華沒有等待一切臻至完美，用還不完整的平台來發展種種模型，用於辨識急需幫助的病患，以及各地區和各種疾病類別的商業需求。這些模型能凸顯病患可能出現哪些併發症的潛在危險，並且建議適當的轉診及治療方法。例如，模型顯示有多達二〇%的病患有出現嚴重併發症的潛在危險，因為他們害怕感染新型冠狀病毒而沒有定期回診，或是需要看醫師而沒去，系統便會指示諾華的顧客團隊向醫師及醫療照護人員發出警訊。

新冠肺炎疫情促使諾華加快數位轉型腳步，由美國區總裁布爾托（Victor Bulto）及鮑森（Bertrand Bobson）領導的諾華全球數位辦公室聯手，延續疫情帶來的動能，繼續推動轉型。布爾托成立一支名為「前瞻辦公室」（Look Forward Office）的新團隊，負責在疫情進入下一階段的同時，協助公司持續進行轉型。

疫情帶來的啟示

誠如我們在本書中進行的詳細說明，隨著人工智慧時代來臨，新型公司勢必崛起。但在本書寫作的過程中，我們原本以為還有一些時間能讓社會大眾隨時代發展，慢慢的深入認識數位轉型；我們原本以為還有一些時間可以培養新一代的領導者，讓他們擁抱數位世界，並具備轉型所需的能力與倫理。然而，新冠肺炎把這「原本以為」有餘裕的時間給奪走了。時至今日，世界上每一個組織都被迫把所有可以數位化的流程予以數位化，而且必須儘快這麼做。

疫情中的經驗證明：數位轉型可以快速發生，而且速度遠遠超乎我們所想像：人際流動與互動在要求適當的社交距離下而急遽減少，不過短短幾週時間，全球經濟活動大部分已轉向虛擬模式。工作者使用線上視訊會議軟體來工作、大學啟動線上教學模式、醫療衛生系統擁抱遠距醫療，而保險公司與監管機構也快速調整相關規則及理賠程序。科技公司放棄實體辦公室，一些人還聲稱，自此之後將永久改變辦公室哲學。商用不動產的價值崩洛，能源及旅遊業的股價也重挫。虛擬模式才剛剛開始而已，我們已經看到各種人工智慧的快速部署：從麻省總醫院的聊天機器人，到宜家家居向顧客推薦商品的演算法，再到諾華公司用以辨識有潛在健康危險的病患的預測模型。

就算不是矽谷的科技公司，也能變成以資料及人工智慧為中心的組織。在尚未爆發新冠肺炎之前，我們就已經看到一些組織為了應付競爭威脅而轉型，把它們的營運模式數位化的例子，例如康卡斯特（Comcast）、富達投資（Fidelity Investments）；但是，唱反調者仍然質疑傳統型公司轉型的必要性及可行性。如今，新冠肺炎已經讓這些爭論畫上了休止符。

不過，我們也學到為了使重要的轉型發生，事前規劃與準備非常重要，這將相當有助於改善行動的品質及影響性。麻省總醫院、諾華、莫德納等組織在危機中能有出色的成就，就是因為它們先前就已經開始先導試驗（pilot project），並以此作為基石。就連在哈佛商學院，以往的線上教學經驗也大大幫助此次疫情中轉變為全面線上教學。而如今的挑戰是：如何延續轉型，並以周延且平衡的方法去引導。

這些較新的觀察確實證明本書所傳達的許多重大訊息，其中最重要的是：營運架構真的很重要。一個以人工智慧為中心的公司，並不是由它部署的任何一套演算法的先進程度來定義，而是由促使它能快速部署人工智慧解決方案（每個解決方案解決一個重大的商業問題）的架構與流程來定義。莫德納生技公司本來就是為了使資料、分析及人工智慧發光而架構的，但在麻省總醫院、宜家家居及諾華的例子中，我們看到危機激發它們去仰賴同樣的整合資料與組織架構，以快速產生及部署創新且正確的分析。說到底，是架構促成快速、敏捷、可擴大規模、可調適的反應，以迅速對應像新冠肺炎這樣的指數型威脅與可能的機會做出反應。

這些例子也明確告訴我們，當大規模部署時，簡單的「弱人工智慧」也能產生巨大影響。人工智慧不需要像科幻小說中描述的那樣，只要擁有適切資料，透過簡單的演算法就能取得重要成果。例如光靠聊天機器人與基本的機器學習，也能成功克服營運瓶頸或做出重要預測，為組織帶來極高的價值。這是本書的另一個重要主題，它凸顯弱人工智慧在經濟轉型及改變公司營運方式方面的重要性質，例如許多醫院裡用來應付新冠肺炎的人工智慧，大多涉及簡單的機器學習演算法，用適切的資料來訓練，它們就能產生有幫助的重要預測，好比麻省總醫院裡的N95口罩供給。再一次強調，重點是在盡可能更多的事業流程中，部署簡單的人工智慧型基礎設施。

我們必須指出，數位轉型並非完全百利而無一害。新冠肺炎顯著加快與深化數位規模、範疇與學習對世界經濟與社會的影響，最令人關注的或許是新冠肺炎對貧窮與富有者（包括公司與個人）之間「數位落差」（digital divide）的影響。數位落差不僅會影響個人的競爭力、生產力及所得，現在也左右那些「能工作者」與「不能工作者」之間的差距：那些仍能安穩在家工作者與那些不能工作者之間的差距、那些仍然營業的公司與那些已經歇業的公司之間的差距。落差正在加劇傳統經濟與種族不平等，同時加深不幸。

在疫情衝擊與改變我們生活的同時，也更加凸顯與數位組織及營運流程有關的每一個道德面問題：從假新聞到偏見，從安全性到隱私等等，加速許多政府與社會機制的瓦解，加深對公民自由的威脅。這些問題方興未艾，我們所有人都應該持續密切關注相關的議論，並且透過局部與全面性參與來保護民主流程。

從「資料」到「智慧」

新冠肺炎又回來了。在我們坐在這裡寫下序言最後幾段話的同時，全球公衛、經濟與政治正面臨前所未有的疫情不確定性。雖然疫情看似趨緩、各國家經濟開始陸續重啟，但距離危機解除仍十分遙遠。隨著美國及許多國家讓封閉的城市再度開放，病毒再度以指數型成長快速席捲而來。就在昨天，我們看到美國與全球每日確診人數再創新高。即使目前波士頓的住院人數已經下降，但麻省總醫院依然在為新一波衝撞做規劃與準備，以備不時之需。

疫情在美國的持續與蔓延很不幸的凸顯出另一個啟示：如果缺乏開明的領導者，就算掌握最好的資料與分析，依舊無法得出智慧解方。令人遺憾的是，社會中只有少部分人真的能吸收在疫情第一階段中得到的基本洞見，例如我們已經知道配戴口罩確實有助於避免感染及超級傳播者的出現；然而許多領導者並未認同、尊重與採納這些分析結果，因而導致許多不必要的死亡人數。我們現在只能坐在這裡眼睜睜看著疫情的失控，但事實上，大量數據分析與人工智慧早已提供足以終結疫情的集體智慧。

然而，不論未來疫情將會如何進展，經濟數位轉型的步伐都不會停止。社會已經意識到數位衝擊無所不在，愈來愈多證據證明數位轉型的動能已經高到無法逆轉。我們可以確知的是，數位轉型的速度正在急遽加快，迫切需要發展有助於推動下一個經濟時代的商業與技術領導力。

為求組織得以永續發展，新時代領導者需要充分明白資料分析的價值，對資料平台、數位網路及人工智慧的技術與經濟效益有一定程度的了解，並抱持對引領組織變革及數位轉型的深切渴望。更重要的是，他們必須具備數位型營運模式所需的倫理觀念，深刻體認錯誤的轉型方向將會為經濟及社會帶來嚴重負面影響。為此，我們衷心期盼領導者在帶領組織走向數位轉型的道路上，能將本書作為核心的策略資源。

顏西提與拉哈尼

二〇二〇年七月

第一章

人工智慧時代

「這是林布蘭的畫作！」

一位衣冠楚楚的銀髮男士搶先舉手後大聲說道，觀眾群裡許多人紛紛點頭表示贊同。這位在澳洲掌管一家知名美術館的男士表示，他認得這位十七世紀荷蘭大畫家的獨特畫風，但他看起來有些困惑，因為他想不起如圖1-1所示的這幅畫作。

這時台上播出一支影片，旁白敘述這份作品的出處，全場頓時安靜下來。[1]原來，這幅肖像畫並非出自林布蘭，而是二〇一六年時智威湯遜廣告公司（J. Walter Thompson）與微軟公司合作、為荷蘭安智銀行（ING）的行銷活動所創作的作品。這幅有一．四八億像素的畫作，是由一支由資料科學家、工程師及林布蘭專家組成的團隊，以對現存三百幅林布蘭畫作進行十六萬八千兩百六十三次掃描為基礎，應用學習演算法加以分析林布蘭的畫

圖 1-1　下一個林布蘭

資料來源：由荷蘭安智銀行及智威湯遜廣告公司授權複製

作特徵，最後呈現出這幅畫作主角為一名三十至四十歲的高加索男性，他留著山羊鬍、戴黑色帽子、穿著白領衣服、臉部朝向右方。接著，他們使用更多的演算法，把各種構成成分及要素組合成一個完整的作品，並使用3D列印技術，在畫布上用十三層紫外線光固化油墨精密模仿出林布蘭的筆觸。於是，在林布蘭離世約三百五十年後，藉由AI技術的加持下，一幅名為〈下一個林布蘭〉（The next Rembrandt）的作品就此誕生。

如今在藝術界，人工智慧正形成一股力量，扮演連結各種領域及媒體的角色，持續擴展藝術可能性的疆界。舉例而言，Google的「藝術家與機器智慧計畫」（Artists and Machine Intelligence，簡稱AMI）集合一群藝術家和工程師，讓藝術家幫助工程師及研究人員發展智能系統，共同探索藝術創作手法。[2]這個社群把類似於創作〈下一個林布蘭〉時使用的風格轉移方法，應用到影片、音樂等更廣泛的主題與媒體。

AMI及其他類似的計畫還將人工智慧進一步應用到創作領域：人工智慧除了可以被用來複製既有風格外，還可以創作出全新的藝術作品。[3]此舉不僅改變藝術品的生產方式，更改變構思及創作的流程。羅格斯大學（Rutgers University）藝術與人工智慧實驗室總監艾爾加默（Ahmed Elgammal）及其團隊使用名為「AICAN」的藝術創作演算法，能夠在不需要多少藝術家的協助下，創作出新穎的作品。這套程式首先使用取自十四世紀畫作的龐大資料集作為訓練，然後創作出嶄新的作品：由既有畫風所「啟發」、但卻是一幅完全不同的畫作。所以，人工智慧演算法不僅為藝術家擴展創作及通路方法的範圍，也建立藝術史進程模型，提供對於藝術從具象到抽象的演進性洞察，幫助我們了解五百多年來藝術一直在集體無意識中運作的流程。

這還只是個開端。若一台電腦在幾位電腦科學家和一些相當基礎的人工智慧輔助之下，能夠模擬傑出創作者的作品，甚至延伸擴展他們的創作，我們幾乎可以確定，沒有一個人類活動領域能持續獨立於人工智慧之外。數位網路及人工智慧正在滲透一個又一個學科、一個又一個產業，為商業及我們所有人定義一個新時代。

人工智慧時代的競爭

人工智慧是改變我們所做一切事情的「執行環境」。

——微軟公司執行長　納德拉（Satya Nadella）

人工智慧逐漸演變成通用的執行引擎。伴隨數位科技持續改變我們的所作所為，促成數量與效率快速增加的工作流程，人工智慧正漸漸成為事業的新營運基石，成為公司營運模式的核心，更定義公司如何執行工作的方式。人工智慧不僅取代過去人力所做的事，它也正在改變經營公司的概念。因此，人工智慧帶來的關鍵影響或許不是模擬人類，而是改變組織的性質，也改變組織形塑這個世界的方式。

本書探討人工智慧對於商業的深層含義。人工智慧正在改變公司的根本性質：它們如何營運及如何競爭，當一個事業由人工智慧驅動時，軟體指令及演算法就構成公司遞送價值的主要途徑，這就是納德拉所指的「執行環境」（runtime environment），一種形塑執行所有流程的環境。在一個數位型營運模式中，作業系統或許是由人所設計，但實際執行工作的是電腦，例如：畫一幅「數位林布蘭」，為亞馬遜上的商品訂價，在沃爾瑪（Walmart）的行動應用程式上推薦一項產品，為螞蟻集團驗證一個顧客的資格。所有這些傳統上需要使用人類智能的流程，不僅要用人的智能去設計，也要用人的智能去執行。

由軟體來形成營運執行的主要途徑，這件事相當複雜，也牽涉甚多因素。由人工智慧驅動的數位流程比傳統流程更容易擴大「規模」（scale）；它們含括更大的「範疇」（scope，或稱種類），因為它們更加容易和其他的數位化事業相互連結；它們也創造強大的「學習」（learning）與改進機會，例如有能力產生比以往更準確、複雜、精細的預測，甚至獲得根本的了解。這一切使網路及人工智慧成為改造公司的營運基石，透過數位規模、範疇及學習，移除數百年來根深蒂固束縛企業成長的諸多限制。

我們已經親眼目睹臉書、騰訊等公司的爆炸性成長，然而驅動這一切的人工智慧其實並不如大家想像中那麼複雜。要實現本書所談到的那些巨大變革，我們不需要成為能像人類一樣獨立思考、足以取代人類智慧的人工智慧（有時又被稱為「強人工智慧」〔strong

AI」）；相反的，我們只需要一套系統去執行傳統上由人類執行的任務（通常被稱為「弱人工智慧」〔weak AI〕）。無論是想排序社群網路內容、沖杯完美的卡布奇諾、分析顧客行為、訂定最適價格、甚至是畫幅林布蘭風格的畫，這些工作都不需要完美複製人類智慧，「弱人工智慧」就足以改變公司的本質及營運方式。

這些相對基本的人工智慧在過去十年間被快速應用在各個領域，我們至今依然親眼見證著它所持續帶來的空前變化。我們已經邁入一個網路、演算法與公司組織緊密交織的嶄新時代，產業及經濟的運作型態已不同於以往。無論企業型態是新或舊，「數位能力」不再被視為額外的技能，「人工智慧」也不再是特定職位或部門的專屬職掌。在嶄新的人工智慧時代中，長久以來有關策略及領導的許多假設已不再適用，每個人都必須了解新的機會與挑戰。

競爭模式的改變

進入人工智慧時代後，新興的數位型營運模式正在改變競爭態勢。例如在一百多年前，攝影的發明大幅降低世人對畫作的需求，為繪畫「技術」帶來破壞性的衝擊；畫家們起初難以招架，但後來終究找到因應之道，發展出新的繪畫技巧與風格。這裡的重點是，底片攝影雖然成功的撼動舊典範、創造出新的機會，但並未大幅改變整個經濟型態。底片攝影與繪畫間的戰役，正如同從磁碟機到挖土機等各種產業中所看到的競爭模式：一種技術的發展軌跡被另一種技術給顛覆破壞了。[4]新技術取代舊技術，雖然會為現有的競爭者帶來嚴峻的挑戰，但經濟體系的其他部分或多或少依然保持原有的狀態。

相較之下，讓我們來看看數位攝影問世時的情況。一九七五年，柯達公司的薩森（Steven Sasson）成功發明第一台數位相機，可以將相片儲存成數位檔案，並在電腦上展示與編修。早期的數位相片畫質不佳又十分昂貴，但隨著時間的流逝，數位相片已經變得愈來愈精美與便宜，便逐漸以破壞式創新型態衝擊傳統底片攝影：顛覆傳統技術在位者，為新事業創造機會。

但數位攝影並非像小尺寸磁碟機顛覆大尺寸磁碟機那樣，只是在舊有技術之外提供另一種新的選擇。數位技術完全顛覆與攝影有關的周邊活動，人們發現分享照片突然變得容易且免費（這是受惠於數位傳輸的邊際成本趨近於零），於是開始拍攝及分享更多照片，即使是再微不足道的事件、活動或餐點，全都可以拍攝下來放到社群媒體上。臉書、騰訊、Snapchat、Line、抖音等新型公司應運而生，這些公司各自擁有大規模的數位營運模型，可以幫助用戶以數位方式挑選、塑造、分享他們的生活及周遭世界。

日益精進的人工智慧正大幅擴張攝影轉型所帶來的影響。全世界每天拍攝的大量照片（目前每年誕生的數位照片超過十兆張，是過去所有傳統照片總數的五倍）成為一個持續不斷成長的資料集，大多儲存於Google、臉書、微信（WeChat）等社交平台的雲端，並可透過演算法加以分析。這些豐富的資料也可以用來推動臉部辨識、相片分類及影像增強等演算法的發展。蒐集可取用的個人資訊並對人工智慧稍加「訓練」，社交平台就能用自動辨識或預測家人與朋友，甚至可以判斷親戚關係（這張照片中的其他人是否為同個家族的成員？）及個人背景（照片中的人是否為同校校友？）。應用程式能夠推薦用戶可能喜歡的產品、服務、動態消息；有些還會提供「你可能認識的朋友」，也就是根據個人的親戚或個人背景來向你介紹某人。

數位攝影技術對傳統攝影的衝撞，帶來更便宜、更差異化、更高品質的替代方案，不僅為顧客創造出新的價值主張，還孕育出更強大的新公司型態。這些公司採取不同以往的營運與競爭模式，於是數位技術不僅改變相片產業，更改變了周遭世界。當我們讓某種活動進行數位化（例如一幅畫的筆觸被轉化為像素），深層的改變將隨之而來。第一個改變是易於規模化，現在我們可以輕易且完美的複製相片，用趨近於零的邊際成本，傳送給位在世界任何地方的無限接受者。第二個改變是易於連結，我們可以用同樣趨近於零的邊際成本和各種互補活動與他人相互連結，從而大幅擴大應用範圍。最後一個改變則是可以內建處理指令，人工智慧演算法形塑行為，促成各種可能的路徑與反應，這種邏輯可以在處理資料時學習，持續訓練與改進內建的演算法，於是一項人類活動的數位化呈現可以用類比流程無法做到的方式去自我學習與進步。這些因素完全改變一家公司可以採行（且應該採行）的營運方式。

在過去，一種技術本身的規模可擴性、範疇可擴性與學習潛力，可能受限於組織的營運架構；但在最近十年間，我們已經看到組織設計與架構可以釋放數位網路、資料的演算法及人工智慧充分潛力的公司出現。事實上，一家公司的組織設計愈能優化數位化的影響，它擴大規模、範疇及營運模式中內建的學習潛力就愈大，它能創造與攫取的價值也愈高（參見圖1-2）。數位化、分析及人工智慧／機器學習的水準提升，能夠大大改進一個事業的規模可擴性，使其價值曲線（價值曲線是用戶數或用戶活動量的函數）上升得愈快。當一個傳統型公司碰上一種數位型營運模式時，現狀就可能會被顛覆。

最快遭到淘汰的，是那些未能調適的傳統型公司。最終壓垮柯達公司的不是富士軟片（Fuji）或數位相機製造商，而是智慧型手機和社群網路公司的崛起。臉書、騰訊、Google

圖 1-2　傳統型與數位型營運模式間的衝撞

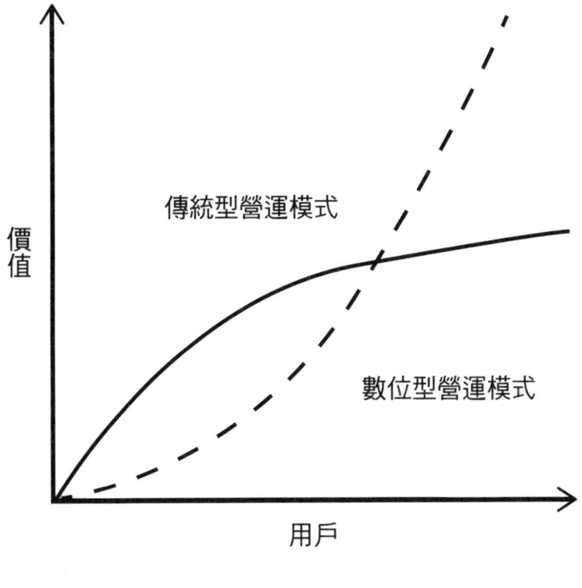

等公司並未聚焦於底片處理及行銷之類的產業層級工作，而是聚焦於連結用戶，以取得、保存並分析在其網路上流通的資訊。這些公司用不同以往的商業模式創造價值、攫取價值，並以迥異於柯達的營運模式向客戶傳遞價值，打造出一種截然不同的競爭方式。這些公司甚至從未把柯達視為競爭對手，它們只是專注在以分享相片為核心的網路業務上競相爭取用戶，柯達的殞落不過是網路業務競爭下的附帶損害。

然而故事還沒結束。隨著社交與行動平台碾壓傳統型競爭者、達到空前規模，人們開始意識到數位型營運模式帶來的一連串全新挑戰。從隱私到網路安全、從偏見到假新聞，人工智慧型公司不受束縛的成長及影響力帶來新的風險與威脅。傳統企業領導者及組織相當程度會受到經濟、環境及社會體系的影響與限制；反觀數位型公司的規模可擴性、範疇及影響基本上不會受到限制。承上所述，我們真的需要全新的視角及方法，來處理數位型組織的領導、監管及倫理議題。

「Alexa，如何改善經濟？」

說到一個組織可以如何使用數位型營運模式來改變傳統產業，亞馬遜堪稱是最典型的範例。亞馬遜銷售日常生活所需的產品與服務，因此它的出現衝擊到數十年來銷售這些產品與服務的所有企業。亞馬遜將改造過的傳統商業模式放到數位平台上，憑恃數位技術、分析及人工智慧／機器學習的優勢，成功擴大規模、拓展範疇及學習。從書籍、消費性電子產品到雜貨，亞馬遜一路衝撞傳統產業，同時改寫各產業的競爭規則。

對傳統企業而言，規模是一把雙刃劍。隨著規模的成長，企業通常能夠以較低的價格傳遞更高的價值。但規模優勢往往受限於公司的營運模式（包含公司用以遞送它向顧客承諾的價值等所有資產與流程）。隨著公司變得更大，營運模式會變得更加複雜，種種問題亦隨之而來。例如零售店太受顧客歡迎時，就會經常大排長龍；快速成長的公司雇用太多新員工時，可能會發生混亂的局面；製造商的產能需求或產品種類增加時，品質就容易出現問題。最終，各種複雜性因素終於拖垮傳統型組織，導致營運成本增加、服務水準降低。從早期生產線到今日部門龐大的企業組織，儘管百年來許多管理及行政系統致力於應付營運複雜性，但始終未能徹底消除複雜性帶來的問題與挑戰。

反觀亞馬遜把一個營運活動數位化時，就已經擁抱數位規模、範疇及學習的優點。縱使營運規模及複雜性增加，但數位系統較容易擴增規模，而且可以持續改進。訂單系統完全數位化後，當消費者迅速增加或需要更多種類的產品，不僅不會難以因應與管理，反而只會讓系統變得更加優化。隨著與傳遞顧客價值有關的營運流程數位化程度愈高，也將不斷提升企業優勢，從而打造一個更易於規模化的公司。如此一來，就有能力提供空前規模的產品和服務，展現令人驚豔的進步速度與精準定位。

以產品推薦為例。傳統零售店是由店員親自向顧客推薦，但員工數量受限於傳統人員招募訓練流程以及人事預算，此外，要找到銷售專長的員工也不容易，畢竟善於銷售釣魚桿的人，通常不善於銷售嬰兒服；但對於使用演算法推薦產品的亞馬遜網站來說，就完全不會受到這些限制。在亞馬遜的資料庫中擁有大量數據，不僅知道顧客之前買了哪些產品，更能從購物車中同時購買的東西了解產品彼此間的關聯性。演算法透過這些數據，並考慮產品規格及顧客特徵等因素，就能準確預估並推薦可能吸引顧客的新產品。人工智慧引擎隨著每一位消費者所購買的每一個產品而不斷學習改進，資料、規模、產品種類愈多愈好，亞馬遜的業績也將隨之持續增長。

人工智慧引擎（例如亞馬遜的協同過濾〔collaborative filtering〕演算法）不會產生溝通協調之類的複雜性人事成本，系統效率不會隨業務量成長而降低，因此遠比人（或組織）的學習引擎更能擴增規模。此外，它可以輕易建立消費者不同需求間的連結：亞馬遜對於一位消費者在書籍喜好的了解，可以進而應用於向這位消費者做出影片、服飾，甚至任何其他商品的推薦。

亞馬遜成功的關鍵，在於持續數位化的營運模式。亞馬遜的核心經營理念是要透過人工智慧與機器學習的廣泛應用、先進的機器人技術，將有關卓越營運的最佳理解予以數位化，盡可能把相關知識融入軟體之中。

傳統的倉儲中心是由人員進行管理及執行流程，組織往往受限於前述談到產品推薦時的種種限制。但亞馬遜的倉儲中心並沒有這類問題，從需求預測到倉庫管理、從供應鏈管理到吞吐量規劃，愈來愈多重要流程是由軟體及人工智慧負責作業，人員僅扮演輔助角色。亞馬遜確實雇用許多員工，但他們大多被部署於數位網路的邊緣，做電腦還無法處理的事（例如從倉庫貨架上揀取形狀奇特的產品）。甚至於很多時候是由電腦定義人該做什麼，而不是由人來定義電腦該做什麼，例如由電腦研判在倉庫裡找到與揀取某項產品的最適路徑，因此得以減輕管理的複雜性、提高數位可擴增性的影響力。

亞馬遜一再衝撞傳統產業，以數位化、自動化及人工智慧賦能的方法改寫產業競爭規則。亞馬遜的服務水準會隨服務量而成長，但傳統企業則會受限於複雜性成本。亞馬遜不斷成長，傳統企業不斷敗退，產業型態也隨之改變。

亞馬遜的智能音箱Echo透過人工智慧平台語音介面Alexa，把該公司的策略延伸至新的應用範疇。Echo起初只能理解亞馬遜音樂服務平台上簡單到近乎微不足道的指令，例如：「Alexa，播放『討伐體制樂團』（Rage Against The Machine）的歌」。隨著它蒐集到的資料量及資料種類日益增加，並且使用資料來自我訓練，Echo的技術進步快速。隨著性能的增加與改進，從訂購維他命到朗讀書籍、從叫車服務到控制居家系統，Echo-Alexa持續衝撞並改變許多傳統的工作型態。

此外，Alexa服務被設計成一個樞紐，具有把用戶連結至無限多服務與產品的潛力。截至二〇一八年九月，由第三方開發者構成的龐大生態系，已經使Alexa具備超過五萬種技能，可以透過聲控來執行各種任務。[5] 在Echo持續發展之下，亞馬遜提供或中介的解決方案只會愈來愈多，以滿足人們各式各樣的需求。每一次你告訴Alexa你需要購買某樣商品時，Echo就會建立一張購物清單，推薦你可能需要的其他商品；每一次你退換商品時，亞馬遜的演算法將繼續學習，增進預測你需要其他商品的能力。

亞馬遜的營運模式非常容易規模化。從服飾到電腦運算、從消費性產品到日常娛樂，該公司在許多產業激起類比與數位模式的衝撞，對沃爾瑪及康卡斯特等傳統企業構成威脅。在此過程中，亞馬遜已經成為驅動產業轉型的一股主要力量，不僅改變人們在全球購物的方式，更大幅提升消費者對個人化消費性產品與服務的期待。伴隨它從書籍到雜貨等市場的規模擴增，它的影響力及市值也持續激增。

亞馬遜不斷成長與轉變，也使它面臨來自社會與監管機構的審視。由於亞馬遜的觸角廣泛的伸展至許多傳統定義的市場，也引發其營運模式不易受到現行反托拉斯法的質疑。亞馬遜的成長是否能夠一直持續下去，將取決於該公司領導階層是否有能力在「它為消費者帶來的諸多益處」與「它為經濟體系可能帶來的顛覆混亂」之間求取平衡。在此同時，亞馬遜的競爭者們也當然不會完全無所作為的坐以待斃。

成為一家「更數位」的公司

對亞馬帶來的遜衝擊感受最深的，莫過於零售業了。[6]亞馬遜提供的便利性、低價格、個人化及產品推薦能力、軟體賦能的物流基礎設施，對傳統型公司構成莫大的挑戰。二〇一七年，美國有二十多家歷史悠久的零售業者申請破產；二〇一八年時，已有一百二十五年歷史的西爾斯百貨（Sears）也登上破產名單。[7]沃爾瑪身為全球最大公司（以營業額而言），正盡全力避免步上相同的命運。

一九六二年，由華頓（Sam Walton）創立的沃爾瑪從不畏懼使用新技術，數十年來它樹立零售業供應鏈技術和網路基礎設施標準、持續使Retail Link系統進化，而且很早就投入電子資料交換（EDI）及無線射頻辨識（RFID）技術。[8]富含資料的供應鏈一直是沃爾瑪營運模式中的一個重要部分，也是其龐大規模的一個關鍵要素，不過縱使擁有最成功的傳統型營運模式，若沒有大刀闊斧的轉型改造，就無法強大到足以對抗亞馬遜的屠殺。

為了和亞馬遜打一場有希望致勝的仗，沃爾瑪在數位和人工智慧賦能的基礎上重新架構自身的營運模式，以整合的雲端架構取代傳統各自為政的企業軟體系統。這讓沃爾瑪所擁有的資料資產得以結合各種強大的新應用，進而使愈來愈多的營運流程得以改進及人工智慧自動化，去除成長與轉型的傳統瓶頸。

沃爾瑪也在本身的營運之外尋求協助。它收購一些數位型公司，包括電子商務公司Jet.com，以及線上男裝零售商Bonobos。二〇一八年七月，沃爾瑪宣布與微軟公司建立合作夥伴關係以推動數位轉型，並滿足雲端及人工智慧技術上的需求。

沃爾瑪正在和亞馬遜打實力戰，其線上營收已經大幅成長，二〇一八年時年成長率已將近五〇％。不過為維持其績效，沃爾瑪必須利用資料、分析及人工智慧來改造它的實體店體驗。實體店不會消失，但實體店零售購物體驗必須進化，以取悅消費者並和線上購物體驗互補。二〇一八年，沃爾瑪在紐約李維鎮（Levittown）設立「智慧零售實驗室」（Intelligent Retail Lab），顯見該公司確實有此認知。

諷刺的是，若想改善顧客在實體店中的消費體驗，往往需要借鏡線上購物早已推出的一些數位功能。實體店的購物體驗常會令人感到困擾，例如你得浪費很多時間在店裡到處尋找所需的品項、你無法確定自己是否獲得最實惠的價格、你無法得到有助於做決定的產品推薦或產品比較資訊。相反的，電子商務早已改變消費者對購物體驗的期待，它所展現出的便利性、個人化、易用性等特質，更是讓傳統零售業者一直難以望其項背。這為沃爾瑪提供了一個大好的機會。

進階分析及人工智慧使沃爾瑪得以把線上體驗引進實體店，裝設攝影機與感應器、載入電腦視覺與深度學習軟體，實體店也能提供線上購物的便利體驗。就如同線上零售業者能夠追蹤顧客在網站上的旅程與點擊，沃爾瑪正在實驗如何記錄顧客在實體店中走動及行為的型態。這些資料彙總起來後，可以用來繪製呈現顧客型態的熱點圖（heat map）以呈現重要資訊，例如：顧客集中在哪些區域、或哪些區域的人流很少。這些資訊有助於決定店內的供應品項、產品陳列、動線布局，甚至可用來改善供應鏈及採購決策。

沃爾瑪及其他零售業者也致力於使用來自個人設備的即時資訊（例如定位資訊），將這些資訊拿來和以往的線上互動資料整合，以識別顧客並提供個人化體驗。想像一位銷售員手上握有顧客先前喜好的詳細資訊，她便能向顧客提出更好的產品推薦，或是更有效與顧客互動。不過實行起來並不容易，例如消費者是否樂意讓銷售員像亞馬遜產品推薦演算系統那樣掌握私人資訊？他們願意在個人化體驗和隱私之間做出多少取捨？傳統的銷售員會確實執行這樣的流程嗎？或者消費者其實比較偏好在行動裝置上收到產品推薦訊息？

我們已經目睹實體店體驗的巨大變化。舉例而言，亞馬遜無人商店Amazon Go沒有收銀員、不需要排隊結帳，你只需要在進入商店時掃描你的亞馬遜應用程式，商店裡裝設的設備會追蹤你的逛店路線與購買品項，出店後就會收到電子郵件傳送的收據。我們曾經試圖混淆亞馬遜的系統：三人一起進入，從貨架上拿起多個品項，然後故意把部分品項放回錯誤的貨架位置，最後三人在不同時間離開。這樣的小把戲完全無法騙過系統，我們離開商店後立即收到電子郵件傳來的收據，完全無誤的列出每個人實際帶出商店的品項。

不需要招募、訓練及管理員工，擁有成熟先進、數位賦能的供應鏈，那麼想設立更多這種無人商店時，還有什麼瓶頸呢？零售業者只需要取得不動產、裝設硬體、安裝軟體，增設商店時，管理成本幾乎不會隨之增加。在中國，京東商城選擇採取沒那麼先進的數位營運模式，每週推出數千家便利商店。[9]沃爾瑪應該已經注意這個發展情勢。

「微信，謝謝你」[10]

盧曉雪在馬來西亞吉隆坡的亞羅街夜市演唱，她的聽眾主要以中國觀光客為主。她讓願意打賞的路人（本書作者拉哈尼正好是其中之一）用智慧型手機掃描她的微信QR Code，接著打賞者就會收到「微信，謝謝你」（WeChat, Xie Xie Ni）這樣的感謝訊息。

就這樣，乞丐和街頭表演者也進入了數位時代。在她的微信（或支付寶）應用程式上滑一滑、點一點，吉隆坡（以及近乎任何一個亞洲城市）的路人就可以立即以數位方式，安全無虞的把錢轉給任何人。來訪的西方人往往震驚的發現，他們身上帶的現金幾乎無用武之地，因為應用程式型數位系統現在已經是商店、餐廳、甚至乞丐們偏好的支付方式，驅動一波利用資料分析及人工智慧的新應用。甚至連雙子星塔（Petronas Towers）奢華賣場中的7-Eleven都要求使用微信支付，而不是信用卡。在這個環境氛圍與矽谷相去甚遠的地方，數位科技正在衝撞及改造各種商業、職業及應用領域。

中國的騰訊也是推動這些衝撞的公司之一。一九九八年創立於深圳的騰訊，起先對中國用戶推出個人電腦端的網際網路即時通服務。有些人或許還記得商用網路早期（一九九六年）推出的即時通服務ＩＣＱ，讓用戶可以和世界各地的朋友及同事即時通訊與聊天。當時多數中國網際網路使用者必須使用餐廳或工作場所裡的共用電腦，騰訊於是調整ＩＣＱ的功能，把用戶資料及聊天記錄集中至騰訊伺服器上，以便「攜帶」到不同的電腦上使用。騰訊把這項服務取名為「Open ICQ」，於一九九九年二月正式推出後大受歡迎，成為當時中國最大的即時通服務及社群網路。

建立規模後，騰訊靠著其通訊網路、廣告及付費服務（例如特殊貼圖）賺錢，並且逐漸拓展其他的應用範疇，把用戶連結到廣泛的互補性產品及服務，例如虛擬化身、線上遊戲、虛擬商品等等。騰訊在二〇一一年推出微信，這是一個以Open ICQ為基礎的行動通訊應用，除了行動存取，微信也為用戶提供廣泛的新功能，例如傳送語音訊息、分享影片、分享照片、ＧＰＳ定位、把錢轉進與轉出。

微信被打造成一個開放平台，讓軟體開發商易於使用其應用程式介面，這些介面可被用來外掛各種外面的服務及活動，例如支付水電帳單、預約看診等等。騰訊就是這樣擴展至新市場。

伴隨騰訊持續連結到全球消費者，它的數位營運模式持續擴展規模與範疇，它是一個以人工智慧為核心的資料平台，涵蓋的內容包羅萬象，包括社交互動、支出型態、搜尋趨勢、政治觀點等等。仿效其主要競爭對手支付寶（是阿里巴巴集團關係企業螞蟻科技集團旗下產品）的成功模式，騰訊透過機器學習演算法分析資料、提供廣泛的服務，並把這些服務自動化。在中國及其他地區，騰訊及螞蟻集團就這樣利用它們與龐大消費者的連結，衝撞並改變從金融到保健等各種產業。

它們在廣泛領域中提供持續進步的服務，並從中汲取大量資料及快速增長的價值，不過短短幾年時間，用戶量已經是歐美最大規模銀行的十倍。騰訊及螞蟻集團都聲稱自己是最大的支付平台、最大的貨幣基金、最大的中小企業融資網路。於是結果和亞馬遜一樣，社會與監管機構開始認真的審視它們。

如今的騰訊是全球市值最高的公司之一，也是全球經濟體系的一個重要樞紐，不斷衝撞著各個產業（以及監管機構）。銀行業提防它、監管機構提防它，亞馬遜是不是也該提防它呢？畢竟因為它，就連街頭表演者也開始不同於以往。

理解嶄新的數位時代

「數位林布蘭」推出時，引發藝術界強烈的回響。一些專家著迷於科技的能力與潛力，給予「驚人」、「出色」等盛讚；但也有人認為這是一項惱人、甚至是不道德之舉。藝術評論家瓊斯（Jonathan Jones）在《衛報》（*The Guardian*）發出堪稱是對此計畫最嚴厲的批評，說它是：「令人厭惡、毫無品味、麻木不仁、缺乏靈魂的荒誕模仿。」[11]

說實話，當我們目睹人工智慧驅動的改變取代了長久以來為我們熟知與珍惜的傳統活動時，這感覺就跟瓊斯的反應相去不遠。還記得你在網路上認真讀完一篇報導，但日後才知道內容原來全是虛構時的那種感覺嗎？數位網路與人工智慧的出現，不斷挑戰著長久以來我們對工作、公司及組織的假設（例如勝任特定產業工作所需具備的核心能力、傳統專業能力的價值等等）。從駕駛到管理傳統門市，人工智慧可能讓種種必備技能變得不再那麼重要；從約會到投票行為，數位網路可能讓過去種種社交與政治互動方式變得大不相同。單就美國而言，人工智慧的廣泛部署與應用就可能威脅到數百萬人的工作。不僅是對人類能力的侵蝕、對傳統技能的威脅、對經濟與社會的衝擊，當我們在工作與生活中日益依賴數位網路時，我們也變得愈來愈脆弱。毫不意外的，對於索尼影業（Sony Pictures）

或美國全國州選舉主管協會（National Association of State Election Directors）等各種組織來說，網路安全性問題已然構成嚴峻挑戰。

數位世界和類比世界正逐漸合為一體，這是個無法逃避的現實。我們已經不再關注某項新技術、某家特別的公司、某種「新」經濟；我們現在要看的是整個經濟體系中的每一個產業、每一個區隔市場、每一個國家或地區，無論是製造業、服務業或軟體產品。我們已經進入一個嶄新的時代，這個新時代重新定義經濟體系裡的每一個組織（以及近乎每一個工作者）必須如何行動，以創造、攫取及傳遞價值。不管我們喜歡與否，數位網路及人工智慧正在改變商業與社會。

本書的承諾

無論是數位型組織或傳統型組織，數位營運模式的崛起都賦予領導者一個新的使命。在這個數位潛在影響力近乎無限的時代，我們必須更加了解該如何管理、轉型、擴張及管控我們的事業。我們期望這本書能夠幫助你在這方面獲得更深入的了解。

如果你領導的是一個數位型組織，你必須充分了解它的潛力，以及它所面臨的機會與挑戰；如果你領導的是一個傳統型組織，則必須了解如何以嶄新的方式發揮組織現有的優勢，改變你的營運能力以支持新策略。

在百視達（Blockbuster）、諾基亞（Nokia）等眾所周知的前車之鑑外，我們也已經看到一些公司透過建立執行環境、投資人工智慧、改變營運模式，從而找到新的成長與機會。萬事達卡（MasterCard）、富達投資、沃爾瑪、羅氏大藥廠（Roche）都是這波變革的領頭先鋒，領導富達投資轉型工作的梅亞（Vipin Mayar）告訴我們：「人工智慧使我們變得更好。」[12]

人工智慧帶來新的機會，無論是對新創公司、既有公司、創業者或內部創業者、社會上的各種組織，甚至對藝術家而言皆是如此。新創公司可以使用本書描述的架構來定位新流程，從撰寫電子郵件到解讀X光片，都可以透過資料分析及人工智慧來加以數位化及賦能。新一代數位原生公司正努力克服規模與範疇快速擴張所帶來的種種問題，而經驗更為豐富的既有公司也需要採取更新、更好的治理模式來持續推動組織成長與轉型。人工智慧所驅動的轉型浪潮不僅促成新公司誕生，也促使既有公司嘗試採取新的營運模式，一方面擁抱數位引擎帶來的高速成長，一方面保有傳統的發展速度控制系統。一些公司在舊有經驗基礎上結合全新的數位動能，引領著產業持續向前。

透過這本書，我們希望為新舊組織、新創公司與監管機構領導者提供一套架構，幫助他們在人工智慧時代中順利理解、競爭及運作。

我們的旅程

過去十年，我們兩人在哈佛商學院領導許多研究計畫，目的在了解數位轉型、網路及人工智慧對公司的影響，從舊金山到紐約、從印度班加羅爾到中國深圳、從金融服務業到農業，我們的研究對象含括不同產業的數百家公司。我們也常和楔石策略公司（Keystone Strategy LLC）的夥伴合作，以教師、顧問、監管議題專家、董事會成員及直接參與者的身分，參與過數百件策略與轉型工作。[13]我們和各種規模的組織共事過，從小規模新創公司到跨國企業，有像亞馬遜、微軟、謀智（Mozilla）、臉書之類的網際網路先驅，也有像迪士尼、威訊、美國太空總署之類的傳統型組織。我們也有幸能與哈佛商學院全球高級主管教育課程、企管碩士班課程參與者一同互動與學習。

本書薈萃我們這些年來的所學與所思，目標讀者包括公司經理人及創業者。本書內容主要聚焦在一個重要現象：破壞式創新理論定義傳統型公司在一九九〇年代和二〇〇〇年代遭遇技術變化潮流時面臨的威脅，而我們的理論則是提出一個新觀察：以數位規模、範疇及學習為特徵的新型公司正凌駕傳統的管理方法與限制，衝撞傳統型公司與機構，改變商業競爭的樣貌，而軟體、資料分析及人工智慧同時正在重塑公司的營運骨幹。

因此我們認為，所謂的「數位轉型」不只是要導入相關技術，關鍵更在於能否成功蛻變為一家不同型態的公司。如同本書後續章節將詳細探討的，為了因應新時代的威脅，我們該做的不只是把線上事業獨立分支出去、在矽谷設立一間實驗室，或是創立一個數位部門。相反的，我們所面對的是一個層次更深、涵蓋面更廣的挑戰，包括：重新架構公司營運模式、改變公司蒐集與使用資料的方式，從而根據資料來回應市場訊息、做出營運決策、執行經營任務。

我們的研究及論述建立在許多先行者所奠定的基礎之上。鮑德溫（Carliss Baldwin）及克拉克（Kim Clark）的研究剖析資訊科技對產業本質的巨大影響[14]，范里安（Hal Varian）及夏皮洛（Carl Shapiro）率先點出資訊企業的本質對經濟理論帶來的許多改變。[15]我們以及其他多位學者提出的研究論述，解釋數位生態系、平台及社群在公司策略及商業模式方面扮演更加重要的角色，這些學者包括提若爾（Jean Tirole）、庫蘇馬諾（Michael Cusumano）、高爾（Annabelle Gawer）、帕克（Geoffrey Parker）、范艾爾史泰恩（Marshall Van Alstyne）、尤菲（David Yoffie）、朱峰（Feng Zhu）、萊斯曼（Marc Rysman）、哈邱（Andrei Hagiu）、布卓（Kevin Boudreau）、馮希培（Eric von Hippel）、葛林斯坦（Shane Greenstein）等人。[16]更近期則有布林優夫森（Eric Brynjolfsson）、麥克費（Andrew McAfee）、李開復（Kai-Fu Lee）、曾鳴、多明戈斯（Pedro Domingos）、艾格拉瓦（Ajay Agrawal）、格恩斯（Joshua Gans）、高德法布（Avi Goldfarb）等人揭示電腦如何扮演日益重要的角色，甚至已經改變人類工作的本質。[17]本書延伸並結合上述成果，說明當這些因素和軟體、資料分析及人工智慧對網路與組織的影響匯集起來時，將會發生如何驚人的事。上百年來，我們首次目睹新型公司的崛起，定義出一個新的經濟時代。在後面的篇幅中，我們將與讀者一同探討人工智慧時代對競爭策略，以及對領導者、經理人、創業者及整體社會的意義。

本書架構

本書共區分為十章。

第二章「重新定義公司」，檢視數位網路及人工智慧帶來的公司概念轉變，探討三個數位獨角獸（unicorn，指估值達十億美元的科技新創公司）：螞蟻集團、奧凱多（Ocado）、派樂騰（Peloton），說明它們各自的商業與營運模式、強大的數位型組織，以及驅動規模、範疇及學習的驚人能力。

第三章「人工智慧工廠」，以網飛（Netflix）為主要案例，介紹新型公司的核心所在。其核心是創造一個可規模化的「決策工廠」，有系統的促成由資料及人工智慧驅動的自動化、分析及洞察。這章探討人工智慧工廠的三個重要元件：做出預測及影響決策的人工智慧演算法；餵資料給人工智慧演算法的資料輸送管道；為它們提供動力的軟體、連結與基礎設施。

第四章「改造營運架構」，解釋何以需要採取新的營運架構才能有效運用人工智慧。我們以亞馬遜為例，對照比較歷經數百年演進而成的傳統「封閉塔型公司架構」，以及對現代公司賦能的整合、以資料為中心的「平台型架構」。我們將說明新型的營運模式如何消除傳統型公司在規模、成長及學習上受到的限制。

第五章「數位轉型之道」，檢視部署一個數位型營運模式的轉型旅程，以微軟公司轉型成一家雲端及人工智慧型公司為例。我們歸納研究三百五十家企業後得出的發現，包括人工智慧整備指數（AI readiness index）的發展，並說明最先進的企業如何享有超優異的成長與財務績效。本章會介紹一些有效的企業人工智慧推行方式，最後敘述富達投資公司的人工智慧轉型。

第六章「新時代的市場競爭策略」，探討數位網路及人工智慧崛起的策略意涵。在數位網路及人工智慧重塑經濟的年代，策略性網路分析是一種系統性分析商機的方法，本章討論策略性網路分析的元素。本章以幾個例子作為分析基礎，包括討論優步（Uber）的策略選擇、長處及弱點。

第七章「策略性衝撞」，檢視各產業競爭態勢，進一步探討數位轉型的策略意涵。本章聚焦於當採行數位型營運模式的公司和傳統型公司競爭時可能發生的狀況。我們將從大家所熟知的經典案例（智慧型手機對諾基亞的挑戰），一路談到當前在汽車產業的競爭，以討論數位型公司的崛起如何廣泛影響各產業的競爭型態。

第八章「數位型營運模式的倫理課題」，檢視數位網路與人工智慧結合所帶來的全新倫理層面挑戰。我們探討幾個重要課題，包括數位擴增力（digital amplification）、演算法偏誤（algorithmic bias）、資料安全性及隱私考量、平台控管及公平性。我們詳述企業領導者與監管機構面臨的一些新挑戰與責任。

第九章「新賽局」，探討本書對於新舊公司、政府及社會的嶄新定義。我們同時提出定義新時代、形塑新賽局，以及改變我們共同未來的新規則。

第十章「領導者的使命」，總結本書內容，探索形塑新人工智慧紀元的領導挑戰。我們首先辨識經理人及創業者在推動轉型及考慮他們的新事業時面臨的當下機會，接著檢視傳統型公司、數位型公司、監管機構和社會所應該採取的行動。最後總結領導愈來愈數位化公司的重要意義，概述我們可以採取什麼行動，以參與變革、形塑我們的共同未來。

你的人工智慧旅程

我們相信，任何組織只要做出必要的努力與投資，以人工智慧為動力的數位轉型將能為組織創造出新的機會。雖然數位型公司自然比傳統型公司更容易達成這個目標，但我們也看到許多數十年歷史的企業成功做出調適，進而再創榮景。我們撰寫本書的初衷，在為讀者提供洞察，幫助讀者為未來無可避免的產業衝撞做好準備，讓他們在因應威脅的同時，能夠辨識並掌握機會。

我們期望本書能夠提供實用的觀點，讓讀者了解新時代下公司性質的轉變、應該具備的架構與能力，以及嶄新的競爭環境結構。本書可為尋求轉型的傳統型公司提出指引，也能幫助新型公司應付它們面臨的新機會與挑戰。若我們能擁抱並投資於理解、部署及管理新的策略與能力，若我們能誠實的正視必要的文化與領導轉型，無論我們的組織型態是新或舊，都能順利掌握機會，並持續成長。與其抵抗全方位的時代轉變，不如去了解它、擁抱它，甚至改變它。如此一來，我們全都能邁向更好的未來。

在下一章中，首先要探討人工智慧如何改變公司創造、遞送及攫取價值的方式。

第二章

重新定義公司

螞蟻科技集團公司[1]在二〇一八年六月募集到創紀錄的一百四十億美元，估值達到一千五百億美元，使該公司成為全球最大的金融科技公司，同時也是全球估值最高的獨角獸公司。[2]從阿里巴巴集團分支獨立僅僅四年，螞蟻集團的市值就已經超過美國運通（American Express）或高盛集團（Goldman Sachs）。[3]

螞蟻集團從中國杭州市出發，在短短幾年內快速擴張，為超過七億用戶和上千萬中小企業提供空前範圍的服務。螞蟻集團起初是因為聚焦於提高金融服務涵蓋性而得以蓬勃發展，為中國金融市場上未能獲得所需服務的消費者及企業，提供一系列全面性金融產品。之後逐漸擴展至各種不同的市場，提供愈來愈多服務，例如單車共享、購買火車票，甚至是慈善捐款。

螞蟻集團成功的關鍵在於：它能夠善用資料來發掘用戶需求，並以數位服務來滿足這些需求。中國消費者及企業普遍採用螞蟻集團提供的服務，接著在龐大的中國觀光客市場助攻下，讓這些服務得以推廣至亞洲、澳洲及歐洲。這為螞蟻集團提供龐大的資料，從評估舞弊風險到開發新產品功能，資料分析的結果能夠作為進行各種決策時的參考依據。這些資料被匯集在一個強大的整合性平台，並用人工智慧來支援處理種種功能，例如申請處理、詐欺偵測、信用評分、貸款資格審核等等。

螞蟻集團為二十一世紀的公司樹立一個新典範：部署一個基於數位規模、範疇及學習的營運模式，改變金融服務，並和產業中的傳統領導品牌進行長期衝撞與競爭。我們來看看這種營運模式的效率：螞蟻集團員工不到一萬人，為超過七億用戶提供廣泛的服務；相較之下，創立於一九二四年的美國銀行（Bank of America）員工超過二十萬人，為六千七百萬客戶供應相當有限的產品。螞蟻集團顯然是個不同類型的新型公司。

本章將探討使用數位營運模式而得以快速擴張的三個案例：螞蟻集團（金融服務）、奧凱多（零售服務）、派樂騰（健身服務）。這三家公司分別創立新類型的商業模式，以軟體、資料及人工智慧作為首要的營運基石，它們全都分別處於某個傳統產業，衝撞既有公司，重塑公司的營運方式，改變它們的周遭經濟。本章最後討論歷史較久的Google公司，它把人工智慧置於它的商業及營運的核心。

這些公司以新的方式創造、攫取及遞送價值給顧客，從而引領整個產業的轉型。為了解它們是如何辦到的，我們會先拆解公司的商業模式和營運模式，分析傳統型公司如何塑造及實踐其價值主張，最後再來看看這三家公司如何創造出一條嶄新的道路。

公司的價值與本質

人們對傳統型公司的本質與目的已有相當深入的了解。正如寇斯（Ronald Coase）、威廉森（Oliver Williamson）等經濟學家的論述，成立公司是為了執行及完成個人無法透過市場架構來完成的工作。我們需要公司，因為若要靠市場來協調每一位工作者共同從事生產工作，將會付出高昂的交易成本。相反的，若由公司提供長期契約來協調工作，就能有效避免不斷討價還價及協商所帶來的摩擦，從而降低提供產品與服務所需的交易成本。這些被捆綁在一起的契約，自然反映出公司組織的任務範圍：公司承諾要做些什麼、如何做到這些承諾。

公司的價值取決於以下兩個概念。第一個概念是公司的**「商業模式」**（business model），意即該公司承諾創造價值和攫取價值的方式；第二個概念是公司的**「營運模式」**（operating model），也就是該公司為其顧客遞送價值的方式。

商業模式關係到公司策略，也就是如何透過供應獨特的產品或服務，形塑與競爭者的市場區隔並提升獲利；而營運模式則關係到公司向顧客遞送產品或服務的系統、流程及能力，也就是運用公司人力及資源每天實際在做的那些事情。商業模式定義理論，營運模式定義實務。儘管商業模式決定公司的發展潛力，但營運模式才是決定公司最終能否成功遞送價值的關鍵所在。

商業模式

一家公司如何為顧客創造價值、如何從顧客那兒攫取價值，就是它的商業模式。商業模式必須明確，包括兩個要素：第一，公司必須為顧客創造價值，促使顧客消費該公司的產品或服務；第二，公司必須透過某種方式去攫取它創造的一些價值。

因此，「價值創造」（value creation）關乎顧客選擇購買一家公司的產品或服務的理由，以及公司為顧客解決什麼問題，這有時被稱為價值主張（value proposition）或顧客承諾（customer promise）。以你開的車子為例，汽車製造商的價值創造始於解決你的交通問題，這輛車能夠讓你到處移動。此外，這家汽車製造商透過遞送品質（這輛車的可靠性及安全性）、款式（這輛車的外型）、舒適（內裝的精美奢華程度）、駕乘性能（引擎和傳動系統的順暢或強勁程度）、成本（這輛車的願付價格）、品牌（這輛車反映出的形象），為你創造各種價值。想想擁有一輛起亞（Kia）或一輛法拉利（Ferrari）的不同，就能清楚體會價值創造的差異性。

當然，價值創造中的因素可能會改變。例如對許多人來說，一輛車除了擁有良好的技術內涵之外，能否和智慧型手機順暢的連結互動也是重要的考量。

除此之外，你在買車時所考量的因素也會和選擇共享汽車服務時有很大不同。回想你上次使用優步服務時，叫到一台豐田普銳斯（Toyota Prius），而不是你喜歡的凱迪拉克（Cadillac），你是否因此取消這趟服務呢？共享汽車的價值創造，涉及司機的可得性及等候時間、對公司的司機認證政策的信賴度、顧客對司機的評分、應用程式的使用容易度，以及所需付出的車資。

所以，豐田和優步都提供行動力，但它們創造的價值大不同，豐田使你購買一輛車，優步提供你隨需搭乘的服務。因此，一家公司的價值創造方法必須刻意選擇它究竟想為顧客解決什麼問題，以及它在市場上的定位。以提供共享汽車的公司而言，價值創造也仰賴一個由司機和乘客構成的生態系，司機的數量愈多，為乘客創造的價值愈多；由於司機是載客才能賺取收入的獨立接案者，因此當愈多的乘客使用這個應用程式，為司機創造的價值也愈多。

「價值擷取」（value capture）是這枚硬幣的另一面，一家公司從顧客身上擷取的價值自然應該少於它為顧客創造的價值。就汽車製造商而言，它的價值擷取主要取決於汽車銷售價格（P）大於汽車製造成本（C），兩者間的差額（亦即P＞C）決定所能獲取的利潤。汽車製造商也可以透過租賃業務來擷取更多價值，此時擷取價值的方式是在資本市場上套利，先取得比消費者更低的利率，再透過銷售備用零件來增加利潤。

共享汽車服務商的價值擷取方式則大不相同，它是按使用量計費（pay per use）。因此價值擷取並非取決於顧客的前置投資，而是取決於顧客一次又一次選擇使用共享汽車服務。在顧客支付的費用中有七〇%至九〇%歸給司機，其餘歸給共享汽車服務商。在共享汽車業務中，利潤依然十分重要，價格應該要高於成本，然而來福車（Lyft）及優步在二〇一九年首次公開募股時似乎都在迴避這個問題。

數位型公司在商業模式上有著大幅度的創新，不斷就價值創造與價值擷取的各個層面進行實驗及重新組合。對於傳統型公司而言，價值創造與價值擷取通常直接明瞭且緊密交織，往往是透過簡單的訂價機制，針對同一來源（顧客）進行創造與擷取。完全數位化的公司則擁有更多元的選項，因為其價值創造和價值擷取更容易區分開來，而且往往來自不同的利害關係人。例如Google免費對顧客提供各種服務，並轉而向投放廣告的企業擷取價值。對數位型公司來說，所有商業模式創新都是一種截然不同的營運模式。

營運模式

沒有一個一貫的營運模式，策略不過就是空談。

——義大利諺語

營運模式向顧客遞送公司承諾的價值。若說商業模式是訂定價值創造與擷取的目標，營運模式就是實現此目標的計畫。因此，營運模式是形塑一家公司實際價值的關鍵。例如公司可以承諾提供近乎立即送達的零售業務，然而若要實現承諾，就得先創造出一個能讓供應鏈極速反應的優異營運模式。因此，營運模式的設計於執行至關重要。

營運模式可能相當複雜，往往包含上千人的行動、複雜的技術、重要的資本投資、上百萬條程式碼構成的作業系統與流程，使公司能夠達成其目標。但營運模式的總體目標卻相當簡單：將傳遞的價值**規模**化、達到**範疇**效率、有充足的**學習**以因應變化。商業史學家錢德勒（Alfred Chandler）認為，企業主管面臨的兩個主要挑戰是：如何有效擴增規模與範疇，以求企業生存與發展。[4] 後續的經濟學及管理學研究顯示，第三個挑戰：學習，也同等重要，也就是企業改進與創新的能力。[5] 以下逐一檢視這三個營運挑戰。

- **規模**：簡言之，管理規模就是設計一個營運模式，盡可能以最低成本向更多顧客遞送更多價值。擴增規模的典型案例，就是像汽車製造商及速食餐廳那樣致力於有效率提高產量或服務的顧客數量。在其他案例中，則可能涉及遞送更加複雜的產品，例如完成一樁企業購併案或興建一座機場。

  從福特汽車到高盛集團，這些企業創立公司的目的是製造、銷售、提供更多（或更複雜）的產品和服務，而且比個人更有效率的辦到這些事。畢竟單靠一個人無法有效率的量產車子，也無法做出一樁複雜企業購併案所需要的種種文件。

- **範疇**：範疇指的是一家公司從事商業活動的範圍，也就是為顧客提供的產品及服務種類。資產及競爭力有助於組織在多種事業領域獲得良好發展，例如：集中式研發可以提供跨多種產品線的優勢；品牌投資可以為同個品牌下的不同產品帶來更高收益；集中式配銷系統可以提高跨多種產品線的效率。
這些範疇經濟十分重要，因為它們使公司能夠多元化經營、管理多個事業單位，或是創建一個龐大的集團企業。憑藉著範疇的效率，公司可以有效且一貫的創造及供應多種產品與服務。例如：西爾斯百貨（Sears）的郵購型錄就是為了更有效率的遞送廣泛的商品；而醫院設立急診室就是比個別醫師更能有效處理各種緊急情況。
- **學習**：營運模式的學習功能對組織而言至關重要，關係到組織是否能夠持續改進、提升營運績效，以及開發新的產品與服務。從貝爾實驗室（Bell Laboratories）的龐大研發，到豐田汽車的持續改進流程，現代企業始終在尋求創新與學習，以維持強大的生存力與競爭力。為了因應威脅並抓住機會，近年來企業對組織創新與學習的關注可謂與日俱增。

當一間公司尋求遞送價值，並優化規模、範疇及學習時，應該努力維持營運模式與商

圖2-1　商業模式與營運模式的對焦

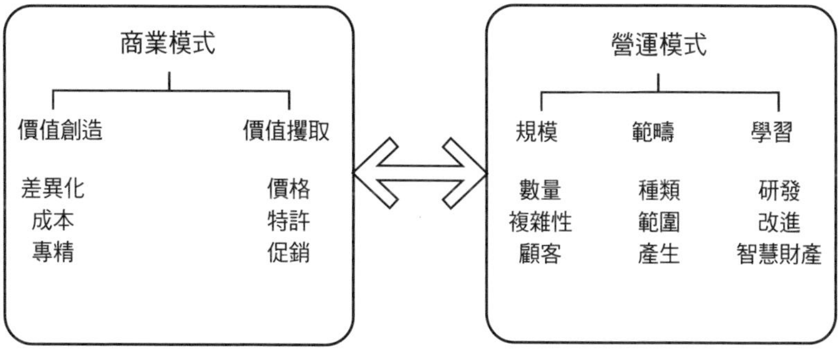

業模式設定方向的一致性。多年來，研究營運策略的學者始終認為，公司的營運績效之所以能夠提升，是源自策略與營運間的對焦。[6]這一點也不讓人意外，因為公司本來就該把資源用在那些希望達成的事。圖2-1呈現的就是商業模式與營運模式相互對焦的概念。

從福特汽車到西爾斯百貨，從美國銀行到AT&T及奇異公司（General Electric），這些老牌公司透過營運模式的設計與實施，努力維持規模、範疇及學習與商業模式的一致性，進而實現優異的績效表現。最終，公司能驅動的規模、範疇及學習愈多，它的價值就愈大。

然而，在三個營運面向不斷擴展的同時，也不斷提高傳統型營運模式的複雜程度，使管理工作變得愈來愈困難，如此一來就會產生營運上的限制、束縛傳統型公司的價值創造與擷取。這正是數位型公司與傳統型公司的差異之處。數位型公司採取全新的營運模式，因而能夠實現更大的生產規模、更寬廣的應用範疇，而具備更快速的學習與調適能力。數位型公司的出現，已經改變遞送價值的主要途徑。

當「數位技術」（例如軟體及演算法等形式）取代「人力」這個傳統營運活動中的瓶頸時，所帶來的影響明顯遠遠超出人力層面。下文檢視三家公司如何透過改變營運模式及去除傳統營運限制，進而驅動商業模式的創新。

衝撞金融服務業

> 螞蟻科技集團以建立規模為念，在此目標之下，人工審核流程根本行不通。
>
> ——阿里巴巴集團總參謀長　曾鳴

支付寶的成功驅動螞蟻集團的成長，這個支付平台是當時仍在初生發展階段的電子商務平台阿里巴巴於二〇〇四年創立的，用來幫助購物者和商家進行支付交易。[7] 現在大家已經把線上購物視為稀鬆平常，但當時為了創造這項服務，支付寶必須在買方與賣方之間建立一種新型的信賴關係。

網際網路商務開創之初，許多公司致力於解決信賴問題，對於以點對點市場起家的阿里巴巴來說，這項挑戰尤其重要：買方如何能夠信賴商家供應的商品品質？賣方如何確定出貨之後，買方有錢付款？

解決方案是採取履約保證制度（escrow system，或稱「信託付款制度」），由第三方保留買方支付的款項，直到合約履行後才把款項交付給賣方。於是，阿里巴巴在電子商務平台上推出名為「支付寶」的信託付款服務，買方把支付寶連結至其銀行帳戶，支付寶扮演中介角色，接受並保留買方的付款，直到買方確認收到品項無誤後，才把這筆錢交付給賣方。這個制度成功減輕消費者對線上購物的不信賴，促進阿里巴巴的早期成長。

這就是螞蟻集團和阿里巴巴最初的商業模式，其價值創造是提供一種促進商家與購物者之間交易的信託付款服務，螞蟻集團必須為兩類顧客——消費者及商家——創造價值。至於價值攫取則是對商家索取〇．六％的交易服務費，但沒有直接向使用這項服務的消費者索取費用。

支付寶的成長仰賴交易量的增加，這不僅來自現有買方與賣方進行更多的交易，也來自買方與賣方數量的增加。換言之，支付寶必須提高交易的**強度邊際**（intensive margin，用戶的交易量），也要增加平台上的買方與賣方數量，以提高**廣度邊際**（extensive margin）。

這是價值創造的第二個元素：當廣度邊際提高時，支付寶為所有用戶創造的價值也增加。當商家數量增加時，買家的數量也會增加，更多的買家又吸引更多的賣家，因而形成一個正向反饋迴路，驅動規模報酬。對服務的信賴感形成這種**網路效應**（network effect），使創造的價值增加。

支付寶服務推出後沒多久，就推廣至阿里巴巴購物平台之外，提供給中國的所有個人及企業，此舉驅動了指數型成長，既促使阿里巴巴線上市場的成功，也因此而使支付寶受益。推出兩年後，到了二〇〇六年，支付寶已經有三千三百萬個用戶，每天進行四十六萬筆交易；到了二〇〇九年，用戶數已經成長到一．五億，每天進行四百萬筆交易。

到了二〇一一年，智慧型手機使用量在中國劇增，支付寶讓顧客只需要透過手機上的支付寶行動應用程式就能購物，不需要使用現金，也不一定要在阿里巴巴平台上購物。為了促進這些交易，阿里巴巴採用一種不需要更多硬體的既有技術——快速反應條碼（QR Code），商家創立一個支付寶帳戶，在商店裡陳列商店的QR Code，購物者開啟支付寶應用程式，掃描條碼來交易，或是生成自己的QR Code讓商家掃描，支付寶則收取〇・六%的交易服務費。支付寶用戶可以使用支付寶應用程式買咖啡，召計程車，支付水電費，預約看診，在餐廳和朋友拆付帳單，甚至打賞街頭表演者，只要商家或對方也有一個支付寶帳戶就行。

成長與擴張

阿里巴巴執行長馬雲擔心政府管制線上支付系統，因而將支付寶分拆獨立出去。支付寶成為新成立的螞蟻金服（現已改名為螞蟻科技集團）旗下第一個產品，之所以取名為「螞蟻」，是因為該公司瞄準的顧客是「小微企業與個人」。分拆獨立後，阿里巴巴保有收取螞蟻集團稅前獲利三七・五%的權利，作為授予智慧財產權及技術服務的費用。螞蟻集團的願景是：透過促進大量微小交易來造福社會。

支付寶及競爭對手微信支付（騰訊於二〇一三年創立，參見第一章）在中國快速成長，它們並未遭受掌控中國金融服務業的國營銀行競爭，部分原因在於國營銀行認為網路支付市場不具吸引力。隨著支付寶得到消費者及小型、微型企業商家的採用，支付寶在中國及其他地區已經變得無所不在，有些商家已經完全不接受信用卡付款，轉而使用支付寶。

螞蟻集團並未就此停下腳步，而是利用取得的資料，將服務範疇擴展到更大的生態系。中國保守的傳統型銀行為支付寶創造一個龐大機會：只有一小部分的中國人口有機會取得信用貸款或投資。螞蟻集團以精準的眼光及驚人的速度進入這個市場，提出一系瞄準巨大商機而設計的服務。它用「餘額寶」來擴展它的金融生態系，這個投資平台讓數百萬支付寶用戶用帳戶裡的錢賺取利息，只要將帳戶裡的錢轉換為餘額寶的貨幣市場基金，就能獲得四％的年報酬。用戶可以使用手機操作、沒有最低存款金額限制，讓這項服務能被更廣大的市場所使用。

餘額寶推出不過短短幾天，就有超過一百萬人把錢投入。《富比士》雜誌撰稿人牟曉亮（Eric Mu）描述，這些用戶每天早上起床後做的第一件事就是去查看帳戶，看他們的財富在一夜之間累積到多少：「餘額寶創造出好幾億個超輕量級投資人，對他們而言，在餘額寶上儲蓄及投資就像是在玩遊戲，而且這個遊戲和其他遊戲一樣令人容易上癮。」[8] 推出後僅僅九個月，餘額寶的規模已經超過人民幣五千億元（相當於八百一十億美元），到了二〇一七年春季，已經成為全球最大的貨幣市場基金。

隨著餘額寶的成功，螞蟻集團迅速拓展其金融服務範疇，包括：一站式個人投資理財平台「螞蟻財富」、社會信用評分系統「芝麻信用」、網際網路銀行服務「網商銀行」（MYbank），以及一個保險平台和其他各種服務。螞蟻集團還推出多款應用程式，全都可以很容易的經由支付寶應用程式進入，包括教育服務、醫療服務、運輸服務、社交服務、手機遊戲、餐廳訂位、餐飲外送等等。

螞蟻集團眾多服務與功能所構成的廣大生態系，讓應用程式安裝次數及用戶使用次數出現戲劇性增長。短短幾年內，從中國到世界各地，螞蟻集團及支付寶已經變得無所不在，每一款應用程式都累積了龐大的資料，不斷被匯總、分析及回饋，以增進對消費者的認識、持續提供個人化及創新的服務。

到了二〇一九年，螞蟻集團已經有超過七億用戶，儘管面臨來自騰訊的競爭，仍然掌控著中國大部分金融服務市場。螞蟻集團掌控中國五四％的行動支付市場，騰訊掌控三八％，誠如一名業內人士在接受《金融時報》（*Financial Times*）的溫蘭（Don Weinland）與俱菲（Sherry Fei Ju）訪談時所言：「這些公司就像是旗下有家銀行的臉書，每一個臉書用戶都在這家銀行設有帳戶。然而西方國家實際上不存在這樣的東西。」[9]

螞蟻集團在二〇一五年開始向全球擴展。先從投資亞洲的行動支付系統開始，取得印度第三方支付平台Paytm約四〇%的股權。二〇一六年至二〇一八年間，螞蟻集團持續尋找機會，透過建立夥伴關係及進行購併，滿足旅行海外的中國用戶的需求。該公司投資南韓行動支付平台可靠付（KakaoPay）、泰國金融服務商和昇財（Ascend Money）、法國支付服務商聯天科技（Ingenico Group SA）、德國的電子支付服務商威卡（Wirecard）及康卡（Concardis），並收購美國生物識別科技公司EyeVerify。螞蟻集團曾試圖以十二億美元收購匯款服務公司速匯金（MoneyGram），藉此滲透美國市場，但被美國政府以國家安全為由拒絕批准。

新型的營運模式

支付寶的快速擴展商業模式是建立於一種新型的數位型營運模式之上，它的第一個基石是廣泛仰賴人工智慧賦能的數位自動化，例如，網商銀行的特色是處理貸款流程的「3-1-0」制度：顧客花三分鐘申請一筆貸款，審核是否通過只花一秒鐘，這過程涉及的人際互動為零。貸款審核及發放流程完全仰賴信用評分，完全是數位及人工智慧處理：每一筆貸款申請審核要歷經三千筆風險控管策略評估。阿里巴巴集團的策略長曾鳴解釋：

「我們的演算法能夠檢視交易資料，以評估一家企業經營得好不好，它供應的產品或服務在市場上的競爭激烈程度，它的合夥人是否具有高信用評分等等。」曾鳴指出，螞蟻集團的資料分析師在審核一筆貸款之前，甚至會把申請人使用通訊工具（通訊軟體、電子郵件或其他常見在中國常見的通訊方法）的頻率、長度與類型資訊餵給演算系統，以評估申請人的關係品質。[10] 到了二〇一七年一月，網商銀行已經服務超過五百萬家小型企業和個人創業者，平均每筆貸款金額約人民幣一萬七千元，金額最低的貸款可能只有人民幣一元，總貸款金額已經超過人民幣八千億元（相當於一百八十億美元）。

網商銀行的系統速度與效率需要巨量的資料處理，螞蟻集團仰賴雲端運算技術來維持低成本的資料處理，方能擴大規模。該公司的電腦運算基礎設施每天能夠輕鬆處理數十億筆交易，高峰負荷量是每秒十二萬筆交易，災難復原（disaster recovery，簡稱 DR）解決方案就緒率高達九九．九%。該公司表示，它能夠以僅僅人民幣兩元的成本處理貸款，遠低於傳統銀行的成本人民幣兩千元。有了這些數位系統，網商銀行不需要實體銀行據點或大量人力，創立三年後的二〇一八年，這家銀行仍然只有三百名員工，與創立之初相差無幾。

這個營運模式的核心是一個先進整合的資料平台。在幾億用戶每天在支付寶應用程式上做出數十億筆交易下，平台蒐集的資訊包羅萬象，包括用戶吃什麼食物，在什麼地方購物，偏好使用什麼交通工具等等，當然也包括他們花多少錢，存多少錢。人工智慧使用這些資料來驅動廣泛的功能，包括個人化、營收優化、產品／服務推薦、以及複雜分析以了解潛在的新產品及服務如何創造價值。

支付寶使用資料及人工智慧來確保信賴關係的建立。當一個用戶進行一筆交易時，她的資訊流經五層即時的數位檢查，以確保這項交易及參與交易的各方是合法的。支付寶的演算法檢視買方與賣方的帳戶資訊，看有無可疑的活動，檢查涉及交易的機制，匯集所有資料，做出交易有效與合法性的決定，大致上如同人工作業的流程，但遠比人工作業流程快得多。曾鳴解釋：「資料愈多，以及演算引擎進行愈多的整合，得出的結果愈好。資料科學家為特定行動提出機率預測方法，然後，演算法處理大量資料，在每一次的迭代中即時產生更好的決策。」[11]

螞蟻集團仰賴四個主要源頭的資料來提供芝麻信用的信用評分：一、內部消費者行為統計數據（例如所在地變動趨勢、水電費帳單、匯款、理財、在阿里巴巴的購買行為等等）；二、阿里巴巴平台上的賣家交易資料；三、來自政府資料庫的公開資料（例如犯罪記錄、身分證資訊、學術履歷）；四、來自螞蟻集團事業夥伴的資料（例如商家、旅館及租車公司等等合作夥伴）。曾鳴解釋：

螞蟻集團使用這些資料來比較「準時還款的優良借款人」和「未準時還款的不良借款人」，以區分出兩類人的特質差異，然後使用這些特質來計算信用評分。當然，所有放款機構都會進行類似的分析，但在螞蟻集團採用即時且自動的方式分析所有借款人的所有行為資料。每一筆交易、買賣雙方每一次的通訊、與阿里巴巴其他服務每一次的連結、我們在平台上的每一個行動，都會影響信用評分。與此同時，計算信用評分演算法也隨時在進化，每一次迭代都有助於改進決策品質。

芝麻信用對信用優良的顧客提供優惠，例如較好的放款條件，對於信用評分低者則是要求他們在購買（例如旅館房間及租腳踏車）時支付較高的定金／保證金。

此外，螞蟻集團實行全面、由人工智慧驅動的防詐欺監視系統，此系統能夠監視用戶的數百個行動，幾乎等於是用戶從登錄到完成交易過程中的任何行動。支付寶訓練它的軟體去辨識用戶的可疑行為，當發現一個可疑行為時，就會將其導入風險模型，這個風險模型能夠馬上研判這個行為的影響，若模型研判行為是低風險，就會讓用戶繼續行動，但如果模型研判行為風險過高，就會依程度進一步詳細審查，必要時會由人工進行檢查。

在實驗中學習

螞蟻集團的營運模式另一個構成要素是一個複雜的實驗平台，每天進行數百個實驗，使該公司能夠學習，了解新特色及產品帶來的機會與風險。螞蟻集團的急遽擴張得力於該公司聚焦在現有平台上匯合各種資料來源，然後由敏捷團隊把這些資料重新組合，驅動產生新產品與服務。傑出的學習能力，再加上結合分析與敏捷創新，驅動了螞蟻集團規模與範疇的擴大。

螞蟻集團在事業中部署使用的資料及演算法，也有助於其敏捷團隊發展更多新的金融服務。該公司仰賴情境式雛型法（scenario-based prototyping）來發展新的應用（解決方案）或機會，再調整與改進它們，吸引足夠數量的消費者，藉此快速的使技術成為主流。該公司也利用資料探勘（data mining）及語意分析（semantic analysis）這兩個領域的創新，把化解顧客爭議的作業自動化。

去除人工作業瓶頸

從螞蟻集團的例子可以看出，數位型營運模式的本質是避免在產品或服務遞送流程的途徑上有直接的人為干預，員工能夠幫助定義策略、設計使用者介面、發展演算法、撰寫軟體、解讀資料等等工作，但實際傳遞顧客價值的流程是完全數位化的。當審核個人貸款資格、推薦特定投資工具之類的業務轉由系統自動處理，便能夠擺脫過去人工作業所帶來的種種限制。

這是如何做到的？

螞蟻集團把這些流程定錨於一個中央資料庫，以整合的方式敘述顧客及作業需求。當顧客與事業流程互動時，軟體模組會蒐集必要資料，萃取及分析顧客的需求，將其中的含義內化，並和顧客互動，以傳遞承諾的價值。就這樣，在一個中央化資料架構上建立顧客互動流程，以清楚、可行、而且可以規模化的方式把「以顧客為中心」的概念營運化及自動化。

許多新的營運模式（例如螞蟻集團的營運模式）把資料導向的行動自動化，漸漸去除價值傳遞流程中的人工作業瓶頸。以在亞馬遜的行動應用程式上購物為例，當用戶透過行動應用程式瀏覽時，其演算法根據用戶以往的行為及其他相似用戶的行為，自動挑選出呈現給這位用戶的品項。訂價資訊是即時（或近乎即時）的處理，並和行為資訊合併，動態的建立讓用戶互動的頁面。最終會有一位產品經理去觀看匯總的交易及顧客行為資料，但實際的服務傳遞途徑上幾乎去除了每一個人際互動，唯一的例外可能是有一個工作人員幫助從一個大體上自動化的倉庫揀取品項，以及快遞把包裹送到顧客家中。

去除途徑上的人與組織瓶頸，這對公司的營運模式本質有巨大的影響。在許多數位網路上，多服務一個用戶的邊際成本幾乎是零，只不過電腦運算容量成本小增一些，但很容易從雲端服務供應商那裡取得電腦運算力，這本質上使得數位型營運模式更容易擴增**規模**。數位型營運模式的成長限制遠遠較不取決於人力，也鮮少有組織層面的限制，因為營運複雜性大多可以提供軟體及分析來解決，或是外包給營運網路中的外部夥伴。

數位型營運模式也從根本上改變了公司的架構。除了去除人的瓶頸，數位技術本質上是模組化的，能夠容易的促成商業連結，當一個流程完全數位化後，可以很容易的把這個流程外掛在事業夥伴及服務供應商的外部網路上，或甚至外掛在外部的個人社群，以提供更多的互補性價值。

因此，數位化流程本質上是多邊（multisided）流程，在一個領域傳遞價值（例如累積起一群消費者相關的資料）後，相同的流程又可以連結其他應用程式上傳遞價值，由此擴大公司的**範疇**，使傳遞給顧客的價值倍增。

最後，營運模式的數位化也促成更快速的**學習**與創新。累積的龐大資料量為愈來愈廣泛的工作提供重要的參考資訊，從即時應用程式的個人化到特色創新及產品發展都能受益。此外，把許多營運工作流程數位化，縮減了整個組織規模及周邊的繁文縟節，如此一來，分析大量資料後獲得的洞察便能被數量相當少的敏捷產品團隊快速用來據以採取行動。

在數位型營運模式中，員工沒有從事傳遞產品或服務的活動，他們設計與監管一個用軟體來自動化、用演算法來協助數位型組織實際傳遞產品或服務。這完全改變經營管理中涉及的因素，同時改變企業的成長過程，去除束縛公司規模、範疇及學習的傳統營運瓶頸。

接著再看另外兩個例子。

魅力無法擋的數位腳踏車

我們認為自己更像蘋果、特斯拉、Google Nest或GoPro，是個以迷人的硬體技術加上迷人的軟體技術為基礎的消費性產品。

——派樂騰健康科技公司創辦人暨執行長　佛利（John Foley）

據報導，佛利在創立他的新一代健身器材公司派樂騰時，遭到四百多個投資者的拒絕，這些投資者不相信像固定式腳踏車這樣已經發明兩百多年的傳統產品能有數位前景。然而，佛利在擔任邦諾書店（Barnes & Noble）執行長時期與亞馬遜競爭的經驗中獲得不同的洞察與想法。他說：「我接掌邦諾書店時，它的營收額是五億美元，就算我能夠使營收倍增，公司依然會虧損一億美元。」他在二〇一四年接受《巴隆週刊》（*Barron's*）採訪時表示：「身為一個商人，我不喜歡這樣的價值主張。」[12]佛利知道，與其浪費生命去追趕一個具有優異規模、範疇及人工智慧能力的競爭者，還不如找到一個合適的傳統產品，然後將其數位轉型。

創立派樂騰的構想產生自佛利的一個困擾：他總是無法上到他喜歡的室內飛輪課（室

內腳踏車健身課），健身教室容量太有限了，所有搶手健身教練的課程總是瞬間就被預約額滿。借鏡亞馬遜及網飛的例子，佛利開始構思創立一家能夠擺脫時間、空間及容量限制的新型健身公司。

創立於二〇一二年的派樂騰，主要產品是一款流線、高品質的室內腳踏車，配備一台能觀看健身課程的二十一吋平板電腦。顧客只要支付兩千兩百美元購買腳踏車，外加每月三十九美元的訂閱費，就可以無限次進行飛輪課程。每天有來自紐約及倫敦超過十四小時的直播課程供顧客選擇，另外還有超過一萬五千多堂、而且不斷增加的課程影片庫供顧客隨選存取。

派樂騰奠基於數位型營運模式的獨特商業模式，已經徹底改變健身產業。人們從事健身活動時，通常是去健身房（想想有多少人在年初繳交整年的健身房會費，但後來沒時間使用？），或是在家中健身（想想有多少人買健身器材回家，但後來卻變成笨重又昂貴的吊衣架？）。健身房的商業模式是先做出資本投資，然後採訂閱制向顧客收取費用（請考慮一個事實：多數人在一個月之後就不會去健身房了），課程則是按每次使用計費；居家健身器材製造商則是把器材賣給我們，因此是由我們自己做出資本投資，然後祈禱找到天天健身的動機與幹勁。反觀派樂騰的商業模式則是把一項傳統的「類比式」產品加以改造，加入數位內容、資料、分析及連結，大力衝撞傳統健身產業。

派樂騰最初要創造的價值直接明瞭。顧客想要居家健身體驗的好處及便利性，但在此同時，也能取得優異的教練，和熱愛健身的社群連結。派樂騰把健身房引進顧客的家中，其價值創造的方式是讓用戶取得無限的課程，包括騎腳踏車、跑步機、瑜珈、冥想、肌力訓練、戶外走路及跑步運動等等，它的數百萬會員可以像網飛訂閱戶盡情享受影片與節目那樣盡情享受健身與健身教學。

派樂騰的附加價值創造機制是透過派樂騰會員社群。有超過十七萬個會員透過派樂騰官方臉書頁相互連結，在那裡還有圍繞著派樂騰教練（他們是派樂騰世界裡的名人）而成立的數百個子社群，此外，還有無數其他以各種目的、地區、訓練風格等等形成的群組。上直播課程也是一種社群體驗，學員可以在一個直播學員表現顯示板上看到他們的表現，這形同相互激勵，相互連結，追蹤彼此的健身進展。教練對參加直播課程的學員點名，說出他們的成果及里程碑，並提醒他們保持體能狀態，以高度意志力撐過最困難部分。隨需選擇的課程還讓你可以和當下也正在上此課程的其他人連結，派樂騰讓運動者可以透過語音及視訊彼此連結，把健身課體驗引進自身家裡。派樂騰也定期安排「居家健身者入侵」活動，讓美國、加拿大、及英國各地的會員造訪公司位於曼哈頓的直播課程工作室，也藉此讓社群成員有面對面交流的機會。

派樂騰的價值攫取模式結合了產品銷售與訂閱。若沒有訂閱，健身腳踏車往往無用武之地，派樂騰的服務有上百萬的訂閱者，再訂閱率高達九五％。不想購買健身腳踏車的派樂騰粉絲可以透過行動應用程式，以每月二十美元的費用，訂閱該公司的數位內容及社群。

把健身體驗規模化是派樂騰的營運模式核心。健身公司SoulCycle的一堂飛輪課程通常容納三十至四十名學員來到教室上課，而派樂騰的直播腳踏車健身課程可能同時有五百人到兩萬人同時參與，一堂直播課程結束後，它就被放進線上圖書館，免費提供給會員。派樂騰的領導人也認知到，它的會員需要更多的健身選擇，因此擴展其範疇，提供瑜珈、肌力訓練、跑步機等等課程（當然，跑步機課程是針對已經購買派樂騰品牌跑步機的會員）。

從許多方面來看，派樂騰仍然是一家產品型公司，但佛利的構想是設計健身器材中的iPhone。該公司在二〇一三年打造出第一款健身腳踏車，然後，在第一回合募資後，於二〇一四年產出經過改良、可以銷售給消費者測試的第一批健身腳踏車。到了二〇一五年，公司的健身腳踏車已經改良完善，該事業開始起飛。

派樂騰在成立初期就募集到約一億美元的資金，使該公司得以和台灣的製造商密切合作，提高產能、加快健身腳踏車的生產與配送，並擴大其軟體與分析團隊，大大增加傳遞給會員的內容。該公司也建立自己的供應鏈，用派樂騰品牌的貨車配送健身腳踏車，派遣員工到顧客府上安裝，教顧客找到適合他們的課程與教練。

雖然派樂騰的成功源自於出色產品，但就組織結構來看卻更像是一家軟體公司，光是安卓版應用程式設計團隊就有超過七十名軟體工程師。從新型跑步機到最新推出的「PowerZone」課程，派樂騰仰賴人才去策劃、設計及生產其產品與服務。儘管人才確實非常重要，但派樂騰之所以能夠為急速增長的大量健身愛好者傳遞良好體驗，關鍵還是在於高度規模化的數位服務。

只要台灣供應商持續生產及供應健身器材，能夠訂閱及使用派樂騰服務的消費者數量就完全不受限制。正如螞蟻集團那樣，派樂騰的成長瓶頸轉向內部數位系統及外部資源，不再受到傳統營運規模的限制。此外，派樂騰的軟體的數位介面（亦即應用程式介面）能夠輕易連結至各種互補性應用程式（例如Apple Health、Strava、Fitbit）、社群網路（例如臉書、推特）、以及其他器材（例如心率監測儀、智慧型手錶），進而不斷擴大事業範疇。

雖然派樂騰的人工智慧能力目前還遠不及螞蟻集團，但該公司已經建立一個精進的分析平台，並以數位串流方式傳遞內容，創造出全新的健身體驗。該公司蒐集大量且廣泛的資料，包括健身腳踏車運動者的心率、運動頻率、音樂喜好、課程出席率、社群網路參與度等等，它持續分析這些資料，使用分析結果與洞察來實行種種改進，包括課程選擇與設計、新產品與服務優化等等。這些分析不僅能夠增進用戶體驗、大幅提高用戶投入程度，還能使顧客更難改換至其他健身服務，從而減少顧客流失率。

不同於其他運動器材產品，派樂騰的顧客忠誠度極高。我們不難想像該公司會如何運用蒐集到的資料，以及可能擴展至哪些範疇，例如可以把用戶連結至營養、保健、保險等不同領域的產品服務供應商。該公司的資料庫提供廣泛的選擇，讓它可以去重新定義要成為怎樣的健身公司。

派樂騰取得了令人驚豔的成長。它的規模在軟體、資料及網路加持下迅速擴張，至二〇一九年六月止的年度累計營收已經超過九億美元。而截至二〇一八年八月，該公司總計募集的投資全額約十億美元，市值估計約四十億美元。

舉世最難的人工智慧事業

人類能夠做人工智慧能做的所有事情，只是無法像人工智慧那樣規模化。

——奧凱多營運長　尼坦（Anne Marie Neatham）

線上雜貨配送應該是最難設計與實行的事業之一了，想像你向一百萬人承諾準時配送五百多萬種世界上利潤最低、最易腐壞的產品，而且風雨無阻，在奧運之類的旺季也要做到。難怪歷經多年後，奧凱多才終於贏得金融分析師們的重視，二〇一〇年公開上市後，奧凱多的商業模式及營運模式受到嚴厲批評，就連它的名稱也被拿來嘲笑，例如顧問公司RFC Ambrian Limited的分析師多爾根（Philip Dorgan）說：「Ocado這個名稱開頭和結尾都是o，o代表0。」[13]但是如今，這家英國公司近年來的表現已經大大超出預期，成為金融市場上的寵兒，它是如何辦到的？

奧凱多成功的背後動力是人工智慧大大影響其商業模式及營運模式。奧凱多的地位在於它的自有品牌雜貨及眾多第三方的雜貨做線上及行動下單與配送服務，為了達成準時、可靠、而且以高效率的服務目標，它建立一個出色的資料庫，並以人工智慧與機器人技術為基石。奧凱多其實是一家人工智慧公司，但裝扮成一家供應鏈公司，再裝扮成一家線上雜貨商，它的能力是本著持續探索的信念與深度投資，歷經時日奠基於顧客需要而建立起來的。

二〇〇〇年創立的奧凱多，起初是植基於瀏覽器的商務平台，二〇〇九年推出其第一套行動應用程式。奧凱多的事業核心關鍵是其中央化的資料平台，在二〇一四年重新建造的，內含有關於其產品、顧客、事業夥伴、供應量及配送環境的極詳盡資料。這些資料匯集於雲端，讓敏捷團隊透過易用的介面去存取使用，優化每一種應用，包括遞送路線、機器人、詐欺偵察、產品腐壞預測等等。這一切結合起來，建立起快速成長且賺錢的營運，準時遞送率高達九八．五％。

奧凱多的營運執行是由人工智慧演算法驅動的，透過每秒進行成千上萬的遞送路線計算，確保該公司有高度可預測的遞送模式，優化其遞送車隊，在各種天氣與交通狀況下有效率的在全英國各地遞送貨品。人工智慧演算系統能即時把貨車路線最適化，確保遞送貨品保持新鮮。

除了路線的最適化，該公司的人工智慧系統也會先預測顧客可能在何時訂購產品，通常是超前顧客需求幾天便發出提醒。人工智慧演算法使用極深度的顧客喜好資料，交叉參考公司供應鏈中有機耕種農民受到的限制條件，預測公司的冷藏冷凍車應該在何時抵達農民供應商處取得肉品、家禽肉及農產品，把它們運送至倉儲中心儲存。公司的倉儲中心本身也是人工智慧技術的傑作，數千台機器人會負責揀取及運送貨品箱至揀貨員面前進行作業，這些機器人是由演算法來協調與管理，演算法把最重要且及時的遞送訂單排出優先順序，並且降低作業流程壅塞，優化整個作業流程的效率。

倉儲中心（又稱為配送中心）是奧凱多的營運模式中最珍貴重要的部分，一座倉儲中心占地可能是十一座足球場那麼大，有三十五英里長的輸送帶，每天輸送數十萬個貨品箱，每一刻同時輸送中的貨品箱大約一萬個，演算法規劃每個貨品箱的運送路線，避免發生交通阻塞，並確保貨品的新鮮及配送作業產能。還有其他的演算法匯總及形塑整個倉庫系統。

奧凱多的系統非常彈性，能夠隨著業務量成長，因應地點、顧客、與機器人數量的增加而調適，也能夠隨著該公司的技術及營運團隊持續學習、實驗及創新而調整，促使該公司得以快速擴大規模及範疇。誠如公司營運長尼坦所言：「機器學習永不停止，但你可以注意到團隊的共同主題：想像，嘗試，大量的迭代、迭代、迭代、迭代。」[14]

歷經時日，奧凱多的人工智慧與機器人技術衝撞各種傳統營運流程。縱使在高度自動化的倉儲中心，仍然會請員工執行機器人難以模仿的一些作業，例如揀取一些困難的貨品，但是會盡可能把人員從主要流程中移除，以改善流程的規模化及可靠性。奧凱多技術長克拉克（Paul Clarke）這麼說：「對我們而言，打從第一天起就一直走在相同的旅程上：把下一個作業自動化，不論這項作業是把塑膠袋放進貨箱裡，還是在倉庫裡移動貨品。我們先從最明顯可以自動化的部分做起，再做下一個流程的自動化，然後是下一個流程的自動化，一個接一個，永遠沒有盡頭。」[15]

奧凱多的深度人工智慧與數位能力促成兩種不同的商業模式。利用其建立於英國線上零售業的能力，奧凱多也提供技術平台，幫助第三方零售及配送服務業者，例如陷入營運困境的馬莎百貨公司（Marks and Spencer）。奧凱多也擴張至海外，例如和加拿大的連鎖超市索貝斯（Sobeys）及美國的連鎖超市克羅格（Kroger）合作，建立及經營倉庫及配送中心。

在克羅格及奧凱多的合作關係中，克羅格把它對奧凱多的持股提高至超過六%，並充分利用奧凱多智慧型平台（Ocado Smart Platform）的線上訂單處理、全通路整合、自動化訂單履行及配送到府等能力。如今，年營收近二十億美元、市值約七十億美元的奧凱多已經進軍美國，亞馬遜持續並密切關注這個有強大潛力的競爭者。

改變創造、攫取及傳遞價值的方式

螞蟻集團、奧凱多及派樂騰這三家公司顯示把價值傳遞數位化、促成商業模式創新、以及驅動產業轉型的三種方法，在每一個例子中，我們看到這些公司全都在其所屬的產業以前所未見的規模、範疇及創新水準，創造非凡的消費者價值。它們的價值攫取方式也有著驚人的相似性，它們比較側重使用數位技術去提高消費者的忠誠度及投入程度，只要消費者深度投入其中一項服務，就會有更多使用者加入，賺錢的機會就會倍增。

這三家公司的差異也值得注意。它們起初瞄準的產業大不相同，分別是金融服務業、雜貨業及健身業，螞蟻集團是資訊型服務事業，奧凱多以超高效率的供應鏈配送產品，派樂騰提供緊密整合的產品與服務。不過，這三家公司全都把重要的營運流程數位化，並產生革命性的影響。

當我們更深入檢視時就會發現，三家公司確實都是使用演算法及網路來改造市場，但它們是各自以其獨特方式、建構獨特能力、採用獨特策略來達成這個目標。螞蟻集團建立傑出的資料分析與人工智慧能力，讓系統以自動化的方式驅動金融服務及其他服務，創造出空前的規模與範疇。奧凱多則擁有能夠運用先進人工智慧的營運模式，以演算法為基石，驅動高度的可規模化，支撐範疇不斷擴展的產品供應，促進持續學習與創新。奧凱多的另一個特色，就是特別重視演算法與人力的整合，例如讓演算法幫助車隊司機和揀貨員。派樂騰更倚重的驅動力是網路及社群，但該公司同樣使用資料分析來提高顧客投入程度及忠誠度，它以人才創造的內容為基礎，並以數位服務方式將價值傳遞給不斷成長的顧客群體，讓顧客透過日益精進的分析服務來持續鍛鍊並查看進展情況。與奧凱多相同的是，人力所扮演的角色已經轉移到設計、生產等方面，並由數位技術負責傳遞及維持顧客的核心體驗。

最重要的是，我們很興奮的看到這三家性質不同的公司卻有著相似的營運模式。它們都是將最重要的流程數位化，因而成功突破傳統營運模式的成長限制，促成空前的規模、範疇及學習。一旦數位營運模式確立，促成這些公司成長的關鍵將是更好的電腦運算能力，而這很容易從雲端取得。也就是說，數位型組織的成長瓶頸已經轉移至技術層面，或是轉移至由事業夥伴及供應商所構成的生態系。圖2-2這三家公司最核心的數位化商業模式及營運模式。

圖 2-2　價值創造與攫取 vs. 價值傳遞

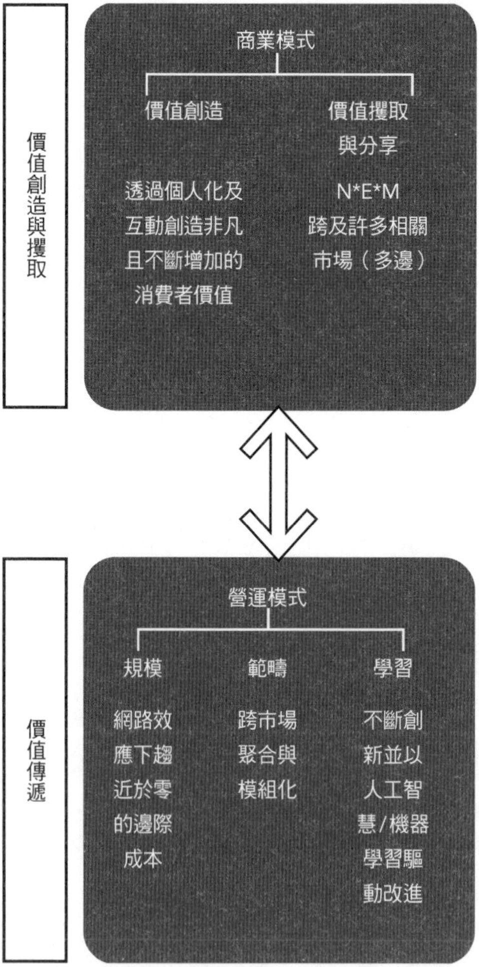

註：N*E*M =（用戶數）*（使用者投入度）*（營利）

以人工智慧為核心

在二〇一七年五月十七日舉行的Google開發者年會（Google I/O）上，執行長皮采（Sundar Pichai）向七千名與會者及上百萬名觀看直播者宣布，Google的策略焦點正從行動優先轉向「人工智慧優先」（AI first）。[16]

這項宣布令不少人感到驚訝。從創立開始，該公司的商業及營運模式向來是資料、網路及軟體導向，畢竟，Google把舉世最棒的搜尋演算法商業化，發展出領先業界的廣告技術，把安卓系統轉變成全球最盛行的軟體平台。如今，Google已經重度投資於人工智慧，在出版及專利數量上，令絕大多數公司及大學相形失色，那麼該公司所謂的「人工智慧優先」究竟是什麼意思呢？

皮采所言並非指推出一款人工智慧型產品，或是推動進階分析的一些先導實驗。他的宣布具有非常重要的意義，這是該公司投資於發展軟體演算法及人工智慧技術二十年後的結果，顯示人工智慧已經成為公司營運模式的核心，人工智慧將愈來愈成為公司幾乎每個營運流程的共同基石。皮采用種種例子說明「人工智慧優先」的方法，包括新穎的顧客需求應用程式（例如使用人工智慧的新款智慧型個人助理Google Assistant），用嶄新的人工智慧賦能的基礎設施來支援Google的資料中心及雲端服務。

這項宣布向Google的消費者、廣告客戶、外部開發者及員工傳達一個訊息：人工智慧以及資料與分析等相關層面的投資，已經變成公司商業模式及營運模式的要素，Google幾乎所有的層面都將利用這個核心。Google的所有產品及服務（多項產品及服務有數十億的活躍使用者）將透過對話模式（conversational，包括言談或文本方式）、環境模式（ambient，適用於所有類型器材）及脈絡模式（contextual，指了解你想要什麼）人工智慧來提高它們傳遞的價值，而且每一種流程將持續學習與調適。內建的人工智慧將持續試圖預測消費者想要或需要什麼，並在所有互動中持續更新這些模型。這種預測能力當然也會讓Google的廣告客戶大大獲益，「人工智慧優先」的方法意味Google的廣告將變得愈來愈個人化及脈絡化，最終將提高與使用者的關聯程度，以產生更多的點擊。

皮采的這項宣布提供了一個明確的訊息與警醒。對Google的員工（不論是技術性質員工或業務性質員工）而言，這項訊息是要求他們對人工智慧必須有深入的了解，並在公司的價值創造、價值擷取及營運模式的每一個層面上推動應用人工智慧。對Google龐大的事業夥伴及開發者生態系而言，這項訊息是邀請他們內建人工智慧以改進他們本身的產品及服務（從運動應用程式到電視等等）。對聽到這項宣布的其他人而言，很顯然，人工智慧時代終於到來。對無數人而言，人工智慧不再只是有前景的創新技術，它正在變成公司的核心。

下一章將探討像Google這樣的公司核心何以是一個由軟體、資料及演算法驅動的規模化的決策工廠。

第三章

人工智慧工廠

在人類史上大部分時期，產品是工匠在工坊中辛苦逐一打造出來的，直到工業革命以規模化及可重複的製造方法，原本的生產方式才得以終結。工程師與經理人在深入了解量產所需要的流程後，打造出第一代的工廠，致力於用更低廉的成本生產更優質的產品。不過即使生產的工業化已然實現，但分析與決策大致上仍然是傳統且高度個人化的流程。

隨著人工智慧時代的到來，促使公司展開新的一波的根本性轉變，將資料蒐集、分析與決策予以工業化，改造了現代公司的核心，使其轉變為我們所謂的「人工智慧工廠」（AI factory）。[1]

人工智慧工廠是個能夠促進規模化的決策引擎，驅動二十一世紀公司的數位型營運模式，愈來愈多經營管理決策被內建在軟體之中，將許多以往由員工執行的流程數位化。

在Google或百度，再也不用由拍賣官管理每天數百萬筆搜尋廣告的競價流程；在滴滴出行、客來吧（Grab）、來福車或優步，再也不用由派車員決定該派哪輛車往顧客指定地點；在亞馬遜，高爾夫球裝的每日價格不再是由運動服飾零售商訂定；在螞蟻集團，每筆貸款的審核不再是由行員執行。上述流程都已經轉交由人工智慧工廠以數位方式執行，把決策視納入工業化生產流程，有系統的把內部及外部資料轉化成預測、洞察及選擇，指引種種營運行動，甚至把這些營運行動自動化。這使得數位型公司具有更優異的規模、範疇及學習能力。

數位型營運模式有多種形式，在一些案例中可能只是管理資訊流（例如螞蟻集團、Google、臉書），在另一些案例中則是引導公司建造、傳遞或操作實體產品的方式（例如奧凱多、亞馬遜、從Google獨立出來的自動駕駛車公司Waymo）。不論採取何種形式，人工智慧工廠都是數位營運模式的核心、指引著最重要的流程及營運決策，而人員則從價值傳遞的主要途徑中移出，移至邊緣。

從本質上來看，人工智慧工廠能夠創造出使用者互動、資料蒐集、演算法設計、預測與改進之間的良性循環（參見圖3-1）。包括：

- **更多的資料**：人工智慧匯總來自多個不同源頭的資料，這些資料可能來自公司內部或外部。
- **更好的演算法**：組織可以用這些資料去訓練與精進演算法，這些演算法不僅能夠做出預測，也能夠用資料去改進自身準確性。
- **更好的服務**：這些預測結果可以透過通知人類從中獲得洞察，也可以透過自動化流程做出反應，從而影響組織的決策與行動，提供更符合顧客需求的服務。
- **更高的使用量**：透過嚴謹的實驗規則來檢驗先前有關顧客型態變化、競爭者反應、流程變動等各方面的假設，這些規則可以辨別各種變數間的因果關係，用來改善系統。

最終，顧客實際使用情形、預測的準確度、所帶來的效益等相關資料會被輸送回系統中，進一步增進系統學習及預測能力，並且不斷重複這樣的良性循環。

以Google搜尋或微軟Bing等搜尋引擎為例，當使用者在搜尋欄中輸入幾個字母，演算法就會根據熱門搜尋字串及使用者個人搜尋紀錄，主動預測並顯示完整字串，並透過下拉式選單提供搜尋議以便使用者快速點選。使用者的每一個搜尋、每一次點擊都是被蒐集

圖3-1　人工智慧工廠的良性循環

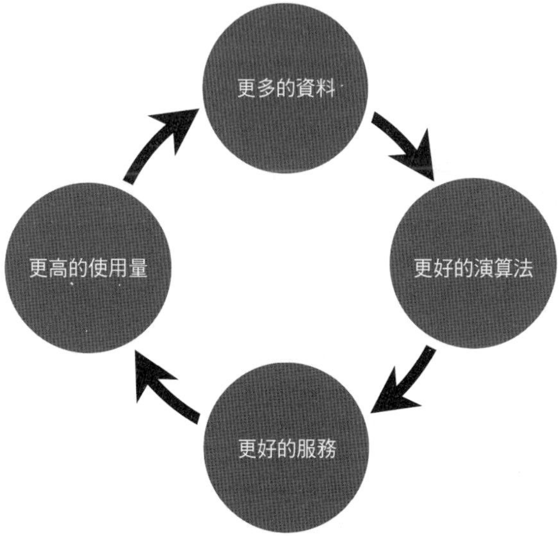

的資料點，可以用來改善搜尋引擎預測的準確度：搜尋次數愈多，預測能力就會愈好；預測能力愈好，搜尋引擎使用量就會愈高。

在搜尋引擎的人工智慧工廠裡，還有幾種不同的預測循環。在自然搜尋過程中，使用者輸入搜尋字串後所得到的搜尋結果，是提取自以往蒐集的網路索引，並根據先前搜尋結果（被點擊的次數）進行優化。在此同時，輸入的字串也會針對與使用者意圖最相關的廣告啟動自動競價，競價結果是由其他學習迴路所決定。因此，結合「自然搜尋結果」和「相關廣告搜尋結果」

的頁面基本上是取決於以往的搜尋紀錄，無論你點擊了什麼、甚至是選擇直接離開，都將為提供有用的資料。

此外，搜尋引擎業務部門的產品經理也許會有一些新的假設，例如「減少某個搜尋結果頁面呈現的廣告，也許有助於改善營收」，或者「凸顯搜尋結果也許有助於改善點擊率」。為了提供更多的回饋來幫助改善搜尋體驗，這些假設將被載入實驗機器裡，然後對統計上具有關連性的使用者樣本群進行測試。

顯然的，上述資料無法交由少數分析師用人工方式處理，甚至無法用一般組合語言進行分析。但人工智慧工廠能夠解決這個問題，它將規模化生產方式應用在資料處理及分析上，藉此打造一個以數位型營運模式為核心的組織。接下來以網飛為例，深入探討人工智慧工廠的本質。

人工智慧工廠的建造與運作

網飛利用人工智慧的力量，已經徹底改變媒體業的面貌。該公司的核心是以人工智慧驅動的營運模式：由軟體基礎設施蒐集資料，用這些資料來訓練演算法，讓演算法去執行種種流程。演算法的影響力幾乎已經涵蓋公司每個層面，包括用戶體驗的個人化，為客戶推薦影片的概念、協商內容合約等等。

事實上，早在二十多年前網飛創立之初，就不僅止於向消費者展示影評，還會根據消費者的觀看紀錄產生推薦影片，在新DVD問市當天寄給用戶。也就是說，當時網飛就已經認知到使用資料來改進顧客體驗的重要性。網飛早年致力於開發一個推薦引擎，根據用戶的觀看紀錄、對影片的評價、背景相似觀看者的喜好等資料，作為向用戶推薦影片的基礎。[2]網飛不僅在內部使用這些資料，也和製片公司分享其用戶的觀看與評價資料，這讓網飛和華納家庭娛樂公司（Warner Home Video）及哥倫比亞三星影業公司（Columbia TriStar）洽談合作時，能夠談出更好的財務條款。[3]

網飛一路快速成長，在二〇〇七年推出串流服務時，訂閱用戶數達到八百萬人，串流服務使得可取得的用戶資料大增，該公司的分析團隊也廣泛的善用這些資料。在提供郵寄DVD租借服務的年代，網飛可以追蹤某位用戶租借過哪些影片、看了多少天才歸還、對每部影片的評價，但對用戶實際觀看影片的行為依然所知有限。進軍串流服務後，網飛開始有能力追蹤完整用戶體驗，例如觀看到幾分幾秒時選擇暫停、倒轉或跳過什麼內容，使用什麼裝置觀看等等。這些行為資料幫助網飛研判應該向這位觀眾展示電影的哪個小縮圖（是的，就連小縮圖也是根據觀眾對特定類型的作品、演員等因素的喜好來提供個人化服務），來預測觀眾的可能偏好。網飛也透過更進階的分析，預測影響顧客忠誠度的因子。為了增加訂閱戶的看片時間，降低顧客流失率，網飛使用人工智慧推出一種功能，自動播出一部影集的下一集，或推薦同類型的電影。如今，類似這樣的客製化及個人化服務已經變得非常普遍，網飛的前傳播長艾佛斯（Joris Evers）在二〇一三年告訴《紐約時報》：「網飛有三千三百萬個版本」，意思是每個用戶的網飛體驗都是個人化及客製化的。[4]

網飛也使用資料及演算法來決定自家公司的創作內容。該公司首次於二〇一三年運用預測性分析功能，評估與獨立製片商媒體權資本公司（Media Rights Capital）合作推出《紙牌屋》（*House of Cards*）的客群潛力，這部影集是描述一位參議員如何進軍白宮的虛構故事。網飛的原創內容副總何蘭（Cindy Holland）在受訪時指出：「我們運用預測模型幫助我們了解一個構想或特定議題的潛在觀眾群有多大。我們有一個作品體裁結構模型，能幫助我們知道哪些領域的節目有商機。」[5]

二〇一〇年時，網飛開始採用人工智慧工廠，有系統的將資料分析及人工智慧應用在推薦引擎上。到了二〇一四年，更進一步根據連網速度、使用裝置、偏好的影片類型等因素了解用戶行為，研判應該從邊緣伺服器上快取哪些電影和電視節目，縮短節目與用戶之間的網路距離，提升個人化的串流媒體體驗。[6]目前網飛在全球一百九十多個國家擁有約一·五億個訂戶，影片庫中已經累積超過五千五百個節目，所使用的頻寬占全球網際網路流量的一五%。

網飛及其他領先公司的經驗，凸顯出人工智慧工廠的一些基本組件的重要性（參見圖3-2）：

1. **資料匯流**（**data pipeline**）：此流程以有系統、可持續、可規模化的方式，蒐集、輸入、清理、整合、處理與保全資料。
2. **開發演算法**（**algorithm development**）：演算法產生有關於事業的未來狀態或行動的預測，這些演算法及預測是數位型公司運作的心臟，驅動一家公司最重要的營運活動。
3. **實驗平台**（**experimentation platform**）：透過實驗平台機制，人工智慧工廠可以檢驗有關預測及決策的各種假設，以確定演算法建議的改變方案。
4. **軟體基礎設施**（**software infrastructure**）：這些系統把資料匯流嵌入一個堅實的模組化軟體和運算基礎設施裡，並視需要及適切性，把它連結至內部及外部使用者。

圖3-2　人工智慧工廠組件

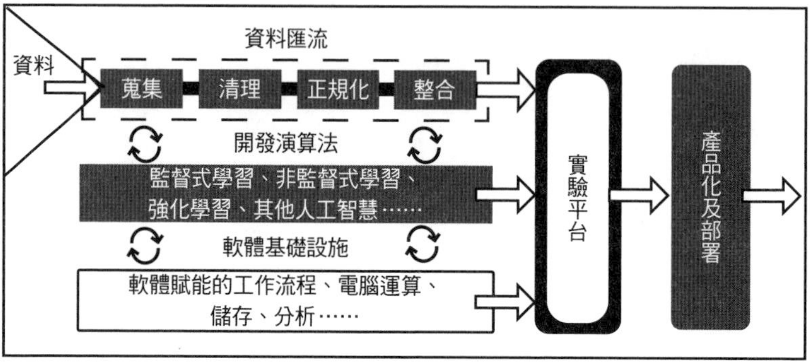

若說資料是人工智慧工廠的燃料，那麼基礎設施就是輸送燃料的管路，演算法就是執行工作的機器，實驗平台則是把新燃料、新管路與新機器連結至現有營運系統的閥門。

以下將從資料匯流開始談起。

資料匯流

資料是人工智慧工廠的投入要素。近年來人工智慧技術蓬勃發展，原因之一在於可供分析的資料數量及種類快速增加。二〇一二年時，網飛就已經擁有大量資料，看看工程師阿瑪特里安（Xavier Amatriain）和巴西里柯（Justin Basilico）在網飛部落格中的描述，就能夠以知道他們使用的資料種類有多麼廣泛：

- 我們擁有數十億筆會員**評價**（ratings），而且以每天數百萬筆的規模快速增加。
- 我們以**人氣**（popularity）做為演算法基準。計算影片「人氣」的方法很多，可以根據特定時間區間的資料，例如每小時、每天或每週的人氣；也可以根據地區或其他相似性指標來區分會員群，計算影片在不同群體中的受歡迎的程度。
- 我們每天收到數百萬筆串流**播放**（plays）相關資料，包括觀看時間、何時觀看、使用什麼裝置觀看等等。
- 我們的會員每天在他們專屬的**片單**（queues）中加入數百萬部影片。
- 我們的每一部片子有大量**後設資料**（metadata），包括演員、導演、類型、年齡分級、評價等等。
- 我們知道我們向會員**展示**（presentations）或推薦哪些影片、在何處向他推薦，可以檢視這些推薦如何影響會員行動。我們也觀察會員和推薦影片的互動情形，例如捲動滑鼠滾輪、將滑鼠游標移至推薦影片上的滑動或點擊動作，以及在特定頁面的停留時間等。

- **社交**（social）資料已經成為我們最新的個人化功能依據之一，我們可以分析會員的親朋好友觀看或評價些什麼。
- 我們的會員每天在網飛服務中直接輸入數百萬筆**搜尋項**（search terms）。
- 除了上述內部資料，我們也可以利用**外部資料**（external data）來改進系統的功能，例如可以加入票房表現、影評的評論等等。
- 當然，我們蒐集與使用的資料不限於這些，還有許多其他的資料，例如人口結構統計、地點、語言、時間資料等，都可以運用在我們的預測模型。[7]

二〇一八年時，網飛用戶可以選擇的電影及電視影集超過五千六百部，用戶每次在電視機、電腦、手機或平板上開啟網飛應用程式時，都會看到系統依個人特性所產生的客製化影片推薦。在用戶體驗過程中，幾乎每一個環節都會產生資料，這些資料使網飛得以進一步微調它提供的客製化體驗。（當然啦，上述那篇文章發表於二〇一二年，比起當年，網飛現在能使用的資料又遠遠更多了。）網飛清理、整合、準備及使用所有的資料，據此機動性調整服務，持續改進它提供給全球三億用戶（根據網飛的估計）的價值。

網飛運用資料的深度與廣度令業界稱羨。在這些資料與分析資產中，有一部分是來自網飛創造約兩千個「微群集」（microclusters），把具有相似觀影喜好的用戶連結起來，因此這又稱為「品味社群」（taste communities）。一位用戶可能同時歸屬在好幾個品味社群之中，這是簡單的人口統計資料所無法呈現的，例如一位住在印度孟買市的六十五歲阿嬤，以及一位居住於阿肯色州農村的青少年，兩人可能為同類型節目深深著迷。

網飛把電視娛樂給資料化（datafication），這是阿里巴巴總參謀長暨湖畔大學教育長曾鳴創造的詞彙。「資料化」是指有系統的從任何事業自然進行的活動與交易中取得資料。[8]舉例而言，Google的Nest Thermostat就是透過把一群傳統活動（控制家中暖氣、冷氣、通風等空調系統的行動）資料化，進而進軍睡眠市場。裝設電子感應器來感測家中溫度及住戶起居活動，再加上電腦控管及Wi-Fi連結，創造出能為屋主創造重要價值的全新資料。只要短短幾天，Nest Thermostat就能學會根據你的使用習慣自動調節室內溫度，或自動選擇適合你家的電力公司節能方案，並且讓你透過智慧型手機來操控這一切。

從臉書上的社交行為、戴著Apple Watch或Fitbi去運動，到以Oura或Motiv追蹤睡眠與健康狀態，類似的資料化歷程可說是無所不在。[9]如同我們在網飛的案例中看到，愈來愈多資料可以與外部資料結合起來，為使用者提供更多價值。例如，Oura智慧指環的應用程式能將睡眠及心率資料與Apple Watch的感測資料相結合，提示使用者每日所需的休息時間與活動量。優步、來福車、Grab、滴滴出行、GOJEK等共乘平台已經將交通運輸相關資訊資料化，它們的應用程式能夠和智慧型手機功能相互結合，產生關於個人交通喜好、交通服務市場供需、市中心進出交通流量等廣泛且規模空前龐大的資料。在過去，企業根本難以想像能夠擁有如此準確、即時的資料。

有時需要一些創新，才能把傳統活動轉化為有用資料的源頭，例如支付寶和微信廣泛使用QR code作為支付工具，在商業交易領域取得領先地位。有些資料並不容易取得、甚至根本不存在，這時公司就十分值得投入生成資料相關技術與服務。就連必能寶（Pitney Bowes，一家擁有百年歷史的郵遞服務供應商）都拓展出新的商業模式，將資料化策略應用在美國實體地址資料，為銀行、保險公司、社交平台及零售業者推出「知識結構」（Knowledge Fabric）解決方案，用地址資料來滿足行銷、詐騙偵測等各種需求。這一切都源自於該公司能夠意識到，它可以在收取郵資之外創造價值與攫取價值。

試圖建立人工智慧工廠的傳統型企業往往會發現，它們手中擁有的資料不僅片斷零散、缺乏完整性，而且經常是分散而孤立的存放在各部門ＩＴ系統。以傳統商務旅館為例，一家連鎖商務旅館理論上應該擁有大量資料，包括顧客的住家地址、信用卡資訊、差旅頻率、搭乘的航空公司、交通型態、差旅地、住房房型、餐點選擇、當地旅遊景點喜好、健康情況與運動偏好等等；但實際上，多數連鎖旅館擁有的資料非常片斷零散、存放在缺乏相容資料結構的不同系統、沒有通用識別碼，而且未必完全正確。許多傳統公司主管始終低估投資在跨部門清理、整合資料的挑戰性與急迫性。為了建立一個有效人工智慧工廠，公司主管首要之務就是確保做出適當的投資。

必須強調的是，在蒐集資料後，還有清理、正規化及整合等工作，這些步驟非常具有挑戰性。資料經常存在各種偏差與錯誤，因此必須進行資料清理，以確保資料品質，並排除不準確和不一致的問題。此外，當匯流各種資料以提供系統進行複雜的分析時，不同種類的資料必須正規化。還有一個特別困難的挑戰，就是必須用與營運資料一致的方式正確使用財務資料（例如統一資料單位、去除冗餘資料，並讓變數彼此相容），以確保透過資料分析所得到的洞察是準確的。這些工作聽來簡單，但實際上往往並非如此，尤其是當資料集達到相當規模的時候。

開發演算法

蒐集與準備資料後，使資料變得有用的工具是演算法。演算法是機器處理資料時所遵循的一套規則，用以做出決策、產生預測或解決特定問題。

請想像一下，我們該如何分析顧客是否可能棄用某項服務（例如取消網飛會員資格）。首先，預測演算法將顧客流失率視為各種變數的函數（這些變數包括：使用率、滿意度、人口統計特性、其他用戶的關係或相似性等等），接著根據以往顧客資料做出調整，測試哪些變項可以準確預測顧客的目標行為。最後，演算法被部署成經理人的一項分析工具，或是營運流程中的一個步驟（例如自動對可能流失的顧客提供特別優惠）。

加拿大多倫多大學學者艾格拉瓦、格恩斯及高德法布認為，資料的爆增和人工智慧演算法的進步，不僅大幅降低做出正確預測的成本，更擴大預測演算法在整個經濟體系中的應用範圍與強度。[10] 演算法被用來預測Google相簿中包含哪些家庭成員或朋友、你接下來想閱讀什麼樣的臉書內容、沃爾瑪對特定顧客提供的折扣將帶來多少營收、福特汽車製造廠裡的某個設備何時需要維修。這類預測是許多組織的成功要素，部署演算法的目的是提供一貫且堅實的預測。

人工智慧演算法的應用十分廣泛，從比較簡單的預測（例如銷售預測），到為高頻率股票交易者建議選股，再到可能超出人類能力的複雜影像辨識及語言翻譯。在一些極度複雜的應用中（例如自動駕駛），必須同時使用多種不同演算法進行辨識與追蹤，以引導車子安然穿越繁忙的十字路口。

雖然，演算法的應用範疇在過去十年間出現爆炸性成長，但演算法的設計基礎其實已經存在很久了。[11]經典統計模型（如線性迴歸、群集分析、馬可夫鏈等）的概念與數學發展可回溯至一百多年前；神經網路領域在近年開始廣為人知，但其實它早在一九六〇年代已經發展就緒，只不過現在才開始被大規模應用。絕大多數可以隨時投產的營運性人工智慧系統，大都是用下列三種方法開發統計模型來增進準確預測能力，這樣的過程又稱「機器學習」。機器學習大致可分為三類：**監督式學習**（supervised learning）、**非監督式學習**（unsupervised learning）及**強化學習**（reinforcement learning）。

監督式學習

監督式機器學習演算法的基本目標，就是讓預測結果盡可能接近於人類專家（或被公認的事實源頭）。典型的例子是讓演算法分析相片，預測相片中的主題物是貓還是狗。在這個例子中，所謂「專家」指的是能夠標註相片中的影像是貓或狗的任何人類，這種機器學習系統的演算法仰賴專家標註的（expert-labeled）結果（Y）資料集和潛在特徵或特色（Xs）。演算法的操作方法被稱為「模型」（model），使用通用型統計方法，為需要解決的預測問題創造一個有脈絡的實例（context-specific instantiation）。

監督式學習的第一步是建立（或取得）一個標註資料集（labeled dataset），例如我們取得一個內含數千張貓咪相片和數千張小狗相片的檔案，並幫每張相片加上正確標註。接著將資料區分為「訓練資料集」（training dataset，用來決定模型預測的參數）和「驗證資料集」（validation dataset，用來檢驗模型預測的準確度）。讓完成訓練的模型對驗證資料集進行預測，並比對模型預測結果和專家預測結果，就能藉此評估預測模型的品質。監督式機器學習演算法可以被用來預測一個二元結果（例如是貓還是狗），或是預測一個數值（例如產品銷售量）。[12]

把演算法模型預測的結果拿來與正確標註的結果相比較，就可以確定我們對模型預測的錯誤率是否感到滿意。若不滿意，可以選擇別種統計方法、取得更多資料，或者著手評估是否其他更有助於準確預測的特徵。這裡的主要挑戰是必須持續改進資料、特徵及演算法，直到我們對模型預測和專家預測之間的錯誤率感到滿意為止。

監督式機器學習的例子相當多。例如每當我們將一封電子郵件標註為垃圾郵件時，等於是在訓練新電子郵件服務供應商的機器學習演算法模型，以成功辨識那些新的垃圾郵件。臉書或百度能夠指出我們上傳相片中朋友的名字，是根據我們先前上傳的相片標註。信用卡公司或支付平台可以根據顧客過去的消費行為模式，來決定是否核准一筆交易。Nest Thermostat能夠在你返家前三十分鐘調節好客廳溫度，根據的則是你每天出門及返家時間以及習慣設定的溫度（在信用卡公司、Nest Thermostat的例子中，資料是由系統自動蒐集並標註）。

網飛在各種情境中使用監督式機器學習。在影片與節目推薦方面，該公司使用一個群集的行動與結果（例如挑選及按讚表示喜歡的電影）構成的標註資料集，對一個被演算法視為與這個群集相似的特定用戶做出推薦。根據用戶及決策脈絡等特徵來建立的一個用戶選擇大資料集，可以產生有效的推薦。這種協調過濾演算法（collaborative filtering algorithm）被用於種種推薦，包括亞馬遜的購物引擎及Airbnb的媒合引擎。

許多公司之所以擁有大量可用於演算法的標註資料，這是拜它們投資於安裝系統、技術、資料庫及企業資源規劃（ERP）之賜。舉例而言，多數大型保險公司擁有數十年來關於財產損失的標註資料，能夠快速且輕易的採行監督式機器學習模型，以減少詐欺及處理理賠所需花費的時間，尤其是若公司可以讓客戶直接上傳照片或使用無人機去視察的話。衛生系統裡也充滿標註資料集，例如許多公司使用醫療資料（例如放射線檢查、心臟科檢查、病理檢查、心電圖等結果）來幫助病患診斷健康狀況。來自以色列的斑馬醫療影像分析判讀公司（Zebra Medical Vision）藉由人工智慧及機器學習技術，協助放射科醫師判讀X光片、電腦斷層掃描、磁振造影等醫療影像，以做出更好的診斷。

非監督式學習

非監督式學習演算法與監督式學習演算法有兩個最大的不同。

第一個不同點在於：監督式學習是訓練系統去辨識已知的結果；非監督式學習則是在沒任何成見、沒有任何假設的情況下，從資料中獲得洞察。例如當網飛需要從大量資料中發現相關顧客群、建立顧客區隔、並據以推出行銷活動，或是建立個人化介面以滿足不同使用型態時，就需要用到非監督式機器學習。又如國家安全機構和執法機關蒐集大量社群媒體資料，希望從中找出異常型態、辨識潛在安全威脅。在這類案例中，我們並不確切知道要尋找什麼，而是希望從資料中找出相關群體，以及符合（或不符合）特定型態的事件。

第二個不同點在於：在監督式學習中，輸入機器的是一些被加上特定結果標註的資料；非監督式學習的目的則是從未經標註資料中找出自然群集、發現那些觀察者沒有意識到的隱藏結構。因此，非監督式演算法的工作是顯示資料中的型態，再由人或其他的演算法標註特徵或群體、研判可能的後續行動。如果我們用非監督式學習演算法分析前述那批貓狗照片，可能會得到幾種不同的分組方式。依群集的結構，可能將照片區分為貓或狗的照片、室內或室外的照片、白天或夜晚拍攝的照片，當然也可能是任何其他區分方式。非監督式學習演算法不會建議特定標註，只會建立最可靠的統計群，然後交由人類或其他演算法去進行後續工作。

非監督式學習能夠透過社群媒體貼文辨識顧客群及情感型態，作為產品開發的指引。對顧客進行的態度與人口統計結構問卷調查結果可以被用來建立顧客區隔，顧客流失原因也可拿來讓非監督式學習演算法去做出分類，製造廠可以使用非監督式演算法來辨識與分類機器故障或訂單延遲的情況。

非監督式學習可區分為三大類。第一類是把資料區分成**群集**（**cluster**）的演算法。時裝零售商可以使用這種方法來了解如何根據購買的產品種類、商品訂價與獲利率、把顧客引來商店的種種管道等等來區隔顧客群。老練的零售商可能擁有更多其他資料（例如顧客的社會網絡圖、顧客與哪些人有密切的互動聯繫、顧客在社群媒體上的發文等），能夠在簡單的人口統計資料之外，發現獨特的市場區隔方式。

網飛的「微群集」（電影與影集喜好相似的會員品味社群），就是群集分析的一個好例子。主題模型（topic modeling）被廣泛用於從文本資料中找出意義，在文本內及跨文本間發現凸顯的主題。這種方法已經被用於分析新聞報導、向證管會申報的資料、投資人電話會議錄音文字謄本、電話客服中心錄音文字謄本、或聊天記錄等等。

第二類是**關聯規則探勘（association rule mining）**。一個常見的例子是根據線上購物車中的品項，來預測並推薦購物者可能會想購買的更多其他商品。亞馬遜擅長關聯規則探勘，這類演算法探索一群商品共同出現的頻率與機率，然後建立各種商品之間的關聯性。例如，奧凱多從蒐集到的資料中發現，購買尿片和啤酒的顧客之間有高度關聯性，畢竟新手父母沒辦法太常外出社交，因此向購買尿片的顧客推薦啤酒及其他酒品不僅可以增進獲利，也能夠間接提高顧客滿意度。

第三類非監督式學習演算法是**異常偵測（anomaly detection）**。這類演算法檢視每一筆新觀察或資料，判斷它是否吻合之前的型態，若不吻合，演算法就標註它為異常。這類演算法常被用於金融服務的詐欺偵測、醫療保健服務業的病患資料、系統和機器的維修等。

強化學習

雖然，強化學習目前的發展仍然較淺，但其應用潛力可能更甚於監督式學習和非監督式學習。監督式學習需要使用專家對結果的觀點的資料，非監督式學習需要使用型態及異常辨識系統，而強化學習只需要一個起始點和一個執行功能。我們從某處作為起點，開始探索我們的周遭空間，看看我們的情況是改善了，抑或變差了，關鍵取捨是要花更多時間去探索我們周遭的複雜世界，還是直接運用目前已經建立的模型來進行決策與行動。

舉例而言，我們搭乘電纜車登上一座高山，現在得找出能在天黑前抵達山下的途徑。可是今天的霧很濃，山區又沒有清楚的路徑指標，在不清楚有哪些下山途徑的情況下，我們必須花時間去探尋有哪些可能選項。這時我們就會面臨一個兩難的處境：到底要把更多時間花在到處探索以找出最佳途徑，或是要把更多時間用在實際走下山的路程？這就是

「探索」（exploration）與「利用」（exploitation）之間的自然取捨。如果我們花愈多時間探索，就能獲得愈多資訊、愈有可能找到最佳下山途徑；但如果我們花太多時間在探索上，我們能夠用來實際走下山的時間就愈少。

網飛的演算法把電影推薦及其相關的視覺呈現予以個人化的方法很接近這種情形[13]，但問題更加複雜些，因為網飛的團隊必須弄清楚要向用戶推薦什麼影片，以及在推薦影片時要配上什麼樣的縮圖，使用戶及推薦影片間的媒合效果達到最大化。這與我們尋找下山途徑的情況相似，網飛將部份時間花在探索選擇，也將部份時間用於開發模型提供的解決方案。為探索視覺選擇，網飛有系統的把呈現給用戶的視覺隨機化，藉此探索新的可能性，並調整預測模型；然後利用改善後的模型，以調整後的視覺影像向用戶呈現影片推薦。

網飛透過自動化的反覆探索與利用，持續改善自身服務。透過自動循環流程來盡可能學習極為複雜的人類偏好，提高用戶長期使用及投入互動的程度。網飛技術部落格在二〇一七年的一篇貼文中寫道：「在品味與喜好極其多樣的情況下，如果我們能夠找到滿足每一位用戶的視覺呈現方式、凸顯最契合他們喜好的影片或節目，這不是太好了嗎？」[14]

網飛所面臨的挑戰可用來說明在強化學習領域中的決策架構這個概念，這被稱為「多臂式吃角子老虎機問題」（multiarmed bandit problem），你可以想像一個玩家正在玩吃角子老虎機（上面有多支拉桿，而且一次只能拉一支），拉下每支桿子會獲得不同的未知報酬，那麼你該採用哪一種策略，才能獲得最佳的期望報酬？玩家可以花更多時間探索哪支桿子能夠獲得最佳期望報酬，也可以不斷拉下到目前為止似乎能提供最佳期望報酬的那支桿子。任何偏離最適路徑（這裡所說的「最適路徑」，是指的是從頭到尾只拉最佳報酬的那支拉桿）的情形，都被稱為「後悔」（regrets）。將「多臂式吃角子老虎機問題」概念應用在實務上，可以提醒我們每一個流程會帶來不同的報酬，所以需要在不同流程之間分配有限資源。分配資源的基本原則就是：透過使後悔盡可能達到最小，來讓營運績效盡可能達到最大。

在營運模式中部署人工智慧時，「多臂式吃角子老虎機問題」非常重要，當我們致力於優化及改善各個流程的營運績效時，必須妥善選擇「探索」與「利用」之間的取捨。這類演算法被廣泛用於管理各項營運流程，包括選擇要推薦的產品、訂定產品價格、規劃臨床試驗、挑選數位廣告等等。這類演算法甚至可用以指引想像世界或真實世界裡的實際行為者的行為，例如任天堂（Nintendo）的瑪利歐賽車（Mario Kart）電玩遊戲裡的路徑、奧凱多的倉儲中心裡的機器人，基本上就是公司設立的多臂式吃角子老虎機，為公司提供實際的營運決策，在短期影響和長期改善之間做出取捨。

拜Google的深智（DeepMind）團隊開發的人工智慧圍棋軟體AlphaGo所賜，強化學習開始吸引大眾目光。雖然在此之前，電腦已經在西洋棋賽中擊敗當時的世界冠軍（還記得ＩＢＭ開發的超級電腦「深藍」嗎？），但一般認為源於中國的圍棋賽局複雜度太高，電腦程式難以精通。但情況從二〇一六年開始有所改變，來自世界各國的頂尖圍棋手陸續輸給AlphaGo。這些結果太驚人了，以至於著名電腦科學家暨創新工廠創辦人李開復在其著作《ＡＩ新世界》中指出，AlphaGo擊敗柯潔為中國帶來的打擊，就像是一九五七年蘇聯發射史普尼克衛星衝擊美國航太領先地位，因此中國政府宣布以「在人工智慧領域取得世界領先地位」為國家優先要務，並將投入巨大資源來達成這個目標。

上述還是AlphaGo Zero尚未出現前的情況。二〇一七年，最新版本的AlphaGo Zero在三天內以一百比〇的成績擊敗AlphaGo。先前版本的AlphaGo使用數十萬場賽局的資料進行訓練，但使用強化學習的AlphaGo Zero只得到基本圍棋比賽規則，就被要求自行找出最佳棋路（Zero代表沒有外部資料）。強化學習的運作是這樣的：透過軟體代理人（software agent）和環境互動，採取適當行動以取得最大化的預期報酬。把賽局或環境的規則給予軟體代理人，這套軟體系統能夠快速學習如何報酬益最大化，達到卓越表現。

Google的深智團隊將圍棋賽局中學到的東西應用在新藥探索和解決蛋白質摺疊（protein folding）問題，這個系統表現得比上述領域最優秀的科學家還要好。

實驗平台

為了產生可靠的影響，一個人工智慧工廠裡的資料和演算法產生的預測需要審慎的驗證。Google每年做超過十萬次的實驗，測試大量資料導向的潛在服務改善；據說領英（LinkedIn）每年做超過四萬次的實驗。數位型營運模式需要的實驗之多，傳統的專案式實驗根本難以滿足所需要的規模與影響力。唯有打造先進實驗平台，才能提供大規模實驗所需要的技術、工具及方法。

使用實驗平台前，必須先將業務改進方案轉化為假設，並會用隨機對照試驗（randomized control trial，又稱為A/B測試）來檢驗每一個假設。測試時先將用戶樣本隨機分配為兩組，實驗組（treatment group）接觸預定要推動的新服務，而對照組（control group）則接觸一如往常的服務。然後對兩組實驗結果進行比較，若兩組實驗結果存在統計上的顯著差異，就可以證實改進方案確實能夠達到預期效果，而非假性相關。這樣一來就可以確保演算法產生的預測與實際結果之間確實具有因果關係。

實驗平台是人工智慧工廠的一個必要組件。假設我們用演算法預測顧客流失情形，得知顧客流失和特定的年齡群有關，但我們仍然不知道這群顧客是普遍傾向棄用我們的服務，還是如果提供特殊優惠方案就能讓他們積極考慮繼續使用。在付出高昂代價向數百萬用戶提供特殊優惠之前，我們可以先對小部份用戶進行A/B測試並蒐集統計上的證據，來證明有多少比例顧客會因為特殊優惠而選擇續用。相同的邏輯也可以大規模應用在檢驗人工智慧工廠所推薦的各種事業改善方案。

網飛的工程師和資料科學家建立起一個大規模的實驗平台，並將實驗平台充分整合在演算法的開發與執行歷程之中。[15] 網飛的每一項重大產品變更都必須通過A/B測試，然後才能成為標準顧客體驗的一部分。這個實驗平台也被用來改善視訊串流及內容傳遞網路（CDN）演算法（這項服務能夠支援數百種裝置及各種頻寬環境）、影片縮圖選擇、用戶介面變更、電子郵件行銷、重播、登錄等等。

事實上，網飛把實驗當成營運流程中不可或缺的部分，致力於將嚴謹的科學分析方法納入所有決策之中。完全自動化的實驗平台讓網飛的員工可以大規模進行實驗，讓他們在啟動實驗時可以排除其他區集（blocking）或重疊受試群（overlapping subject pools），從其觀眾群中招募受試者，在實驗過程中及完成後製做報告，分析並呈現結果。

軟體、連結與基礎設施

前面提到過的資料匯流、演算法的設計與執行、實驗平台，全都應該嵌入軟體基礎設施內，從而驅動數位型公司的營運活動。

圖3-3描繪的是一個先進資料平台，它是由人工智慧工廠所驅動，資料由下而上流動。資料平台提供一個架構，讓軟體開發者得以建立、部署及執行人工智慧應用。資料流動背後的基本概念是應用程式介面（APIs）的發布與訂閱模式（publish-subscribe），目的是為應用程式提供乾淨、一致的資料，我們可以把它想成是一個資料超市。

資料被匯集、清理、提煉及處理過後，便可透過應用程式介面提供，讓應用程式可以快速取得它們所需的樣本，進行測試與部署。軟體基礎設施使敏捷開發團隊能夠在數週、甚至幾天內就建立一個新的應用程式；相反的，若沒有這些資產，採取傳統ＩＴ訂製流

圖 3-3　一個先進的資料平台

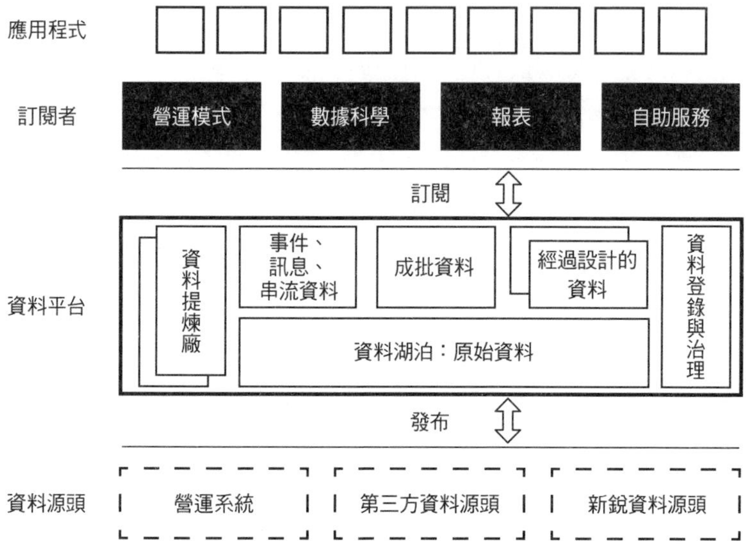

資料來源：楔石策略公司（Keystone Strategy LLC）

程得花上好幾倍的時間與成本，而且會讓後續的維護與更新變成一場夢魘。若想成為像網飛這樣的人工智慧導向公司，你不只需要建立一個人工智慧應用程式，而是需要建立幾千個，數量必須多到足以幫助你盡可能做出各種類型的預測。

企業對不僅要投資資料及軟體，同時也要對連結及基礎設施進行戰略性投資，才能打造一個整合性的資料平台。正如我們將在下一章詳細討論到，縱使到了現在，多數企業仍然以各自為政的封閉塔來運作，儘管顧客把一家企業視為一個一體的組織，但在企業內部，各單位及部門的系統和資料往往各自獨立且未經整合，因而阻礙資料的匯流、延誤洞察的產生，無法發揮資料分析及人工智慧的力量。

資料平台以及使用資料平台的組織應該避免封閉塔式結構，應該設計成模組式結構。為確保程式及組織的模組化，介面的設計是重要關鍵，清晰明確的介面使組織可以去中央化的在模組層級進行創新，只要有一個分享資料與功能的標準，每個模組就能獨立改善其核心功能。應用程式介面把創新問題分隔開來，使獨立的敏捷團隊或個人開發者能夠聚焦於特定工作，不會損及整體的一致性。

若資料被暴露給外部夥伴，建立一個一致（且安全）的資料平台就更為重要。阿里巴巴集團旗下的線上購物商城淘寶網就是一個好例子，該網站銷售超過十億種品項，全由第三方供應商供應，想要和內部及外部使用者分享資料，並且做到令各方都滿意的程度，該公司只能透過清晰、安全穩固、滿足廣泛功能需求的應用程式介面。

通常，一個阿里巴巴內部的開發者或外面的淘寶銷售商可能訂閱上百個不同的資料平台軟體模組，使他們能夠上傳存貨資訊，訂定價格（人工或自動訂價），追蹤顧客評價，處理訂單等等。建立設計得宜的應用程式介面，不僅能讓淘寶的工程師持續開發及提升內部系統，以服務十幾億的用戶和數百萬個商家，也能讓整個生態系的軟體開發商發揮他們的創造力，創造及提供大量其他服務。[16]

最後，建立一個具有設計得宜的資料平台的先進人工智慧工廠，能夠提升組織聚焦於資料治理與安全性這項重要挑戰的能力。持續不斷從用戶、供應商、事業夥伴及員工等源頭取得的巨量資料極為寶貴、敏感、機密，絕對不能隨興儲存，組織必須建立一個安全穩固的中央化系統，做好審慎的資料保全與治理，對資料的存取及使用定義適當的制衡，審慎登錄這些資料資產，並為所有利害關係人提供必要的資料保護。

定義清楚且安全的應用程式介面不僅對人工智慧工廠很重要，也是資料治理的一大挑戰，畢竟應用程式介面是資料流進與流出人工智慧工廠的閥門。我們可以把這想成是一家公司控管它願意對內部及外部開發者提供的資料及功能的一種方式，應用程式介面控管著對組織內一些最重要、最機密資產的存取，這迫使公司必須事先定義它想讓內部的人可以取用哪些重要資產，以及它願意向公司外面的人提供這哪些重要資產。那些能夠流經應用程式介面的資料，可能左右一家數位型公司的成敗。劍橋分析公司（Cambridge Analytica）醜聞案的發生，就是因為開發者和經理人的疏忽，導致臉書平台的圖形應用程式介面有個重要漏洞，讓外部應用程式開發者可以取得的資料量，遠遠超出臉書所願意提供的範圍。

人工智慧工廠的資料、軟體及連結，必須放在一個安全、堅實而且可以規模化的電腦基礎設施中，因此已經有愈來愈多這樣的基礎設施放在雲端，可隨需擴大，並使用現成元件及開發源碼軟體來建造。此外，電腦基礎設施必須能夠和構成公司營運模式的許多個別流程及活動緊密結合。最終，部份核心數位流程將形塑企業傳遞的價值，例如創造、推薦、選擇與傳遞網飛的內容、對網飛顧客索取費用，或者追蹤網飛內容夥伴的表現。

建立一個人工智慧工廠

不是只有網飛能夠建立人工智慧工廠，本書作者擔任主任的哈佛創新科學實驗室（Laboratory for Innovation Science at Harvard）和哈佛醫學院及丹娜法伯癌症研究所（Dana-Farber Cancer Institute）合作，開發一套能夠在電腦斷層掃描上描繪出肺癌腫瘤輪廓的人工智慧系統。取得學術預算展開實際部署後才短短十週，這套系統的表現就已經和哈佛大學訓練出來的放射腫瘤學家一樣好。

為開發這套系統，我們利用哈佛創新科學實驗室的人工智慧工廠，這個人工智慧工廠的建立是為了創造資料匯流及平台架構，以解決種種問題，通常是在Topcoder的外包演算法設計競賽的協助下做這些事。哈佛創新科學實驗室和美國太空總署、哈佛醫學院旗下醫院、哈佛大學與麻省理工學院布勞德研究所（Broad Institute of Harvard and MIT）、史克里普斯研究所（Scripps Research Institute）之類的頂尖組織合作，承接它們一些最艱難的電腦運算及預測挑戰。

想要成功治療肺癌，前提是要能夠準確判讀病灶。精準描繪腫瘤輪廓是非常重要的工作，腫瘤科醫師得花很多時間標註即將接受放射線治療腫瘤確實的體積形狀，治療時才不會有所遺漏或誤傷健康細胞組織。哈佛創新科學實驗室和丹娜法伯癌症研究所的放射腫瘤學家麥雷蒙（Raymond Mak）合作，利用來自四百六十一名病患的超過七萬七千張電腦斷層掃描資料，研究病理影像判讀自動化的可能性。

在哈佛創新科學實驗室的人工智慧工廠中，研究人員把麥雷蒙提供的資料加以清理及準備，由兩位資料科學家（是沒有醫學造像背景的兩位物理學家）用這些資料設計一系列競賽，以找出能夠描繪腫瘤的最佳演算法。我們在十週內連續舉行三場競賽，總計有三十四組參賽者呈交四十五種演算法，我們向參賽者提供一個訓練資料集，內含來自二百二十九名病患的電腦斷層掃描，已由麥雷蒙完整描繪腫瘤輪廓。我們留下其餘的資料集，想看看這些演算法模仿麥雷蒙進行影像判讀時的準確度。

表現排名前五的參賽者使用各種方法，包括卷積神經網路（convolutional neural networks）和隨機森林演算法。出人意外的是，沒有任何一位參賽者具有醫學造像或癌症診斷經驗。他們開發的解決方案使用訂製和已公開發布的結構與框架，執行物件偵測與位置標示工作，其中包括原本用於臉部辨識、生物醫學影像分割，以及自動駕駛車研究所使用的道路景象分割等開放原始碼演算法。階段三的演算法以每張掃描片使用十五秒至兩分鐘的速度產生影像分割，這速度明顯比人類專家快上許多（人類專家每張掃描片判讀時間約為八分鐘）。如圖3-4所示，前五名演算法表現得跟人類放射腫瘤學家（不同觀察者）一樣好，而且優於現有的商業軟體。

我們舉這個例子，不僅是因為我們對它引以為傲，也是想證明即使是一個缺乏豐富資料、IT資源和人工智慧人才的組織，也能夠建立人工智慧工廠。我們建立人工智慧工廠的過程中，使用的是何人都能取用的資源，而且確實從中獲得很大幫助。我們在《美國醫學協會期刊—腫瘤學篇》（Journal of the American Medical Association Oncology）分享我們的發現，這本期刊上通常不會出現商學院學者的研究報告。[17]

我們必須承認，在小型實驗室中比較容易發揮人工智慧的力量，畢竟我們不用應付大

圖 3-4　哈佛創新科學實驗室使用丹娜法伯癌症研究所
演算法分析競賽結果

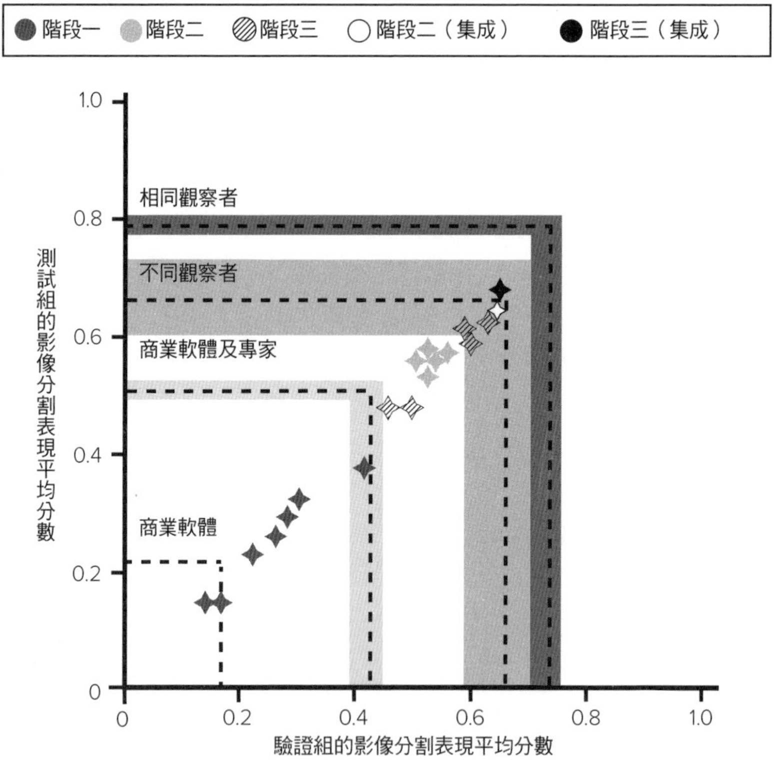

型封閉塔式組織，以及複雜、過時、無法協調相容的ＩＴ系統。然而當人工智慧能夠在複雜企業中驅動愈來愈多的營運流程，如何將人工智融入現有營運模式的重要性也隨之快速增加。正因如此，一家公司營運架構的規劃，已經成為現代企業最高層級領導者的重要策略性考量，這就是我們在下一章要探討的主題。

第四章
改造營運架構

寄件人：貝佐斯（Jeff Bezos）
收件人：全體開發人員
主旨：貝佐斯命令

從今以後，所有團隊必須透過服務介面揭露它們的資料與功能性，團隊必須透過這些介面相互交流。

從今以後，不得有其他形式的行程間通訊、不得直接連結或讀取另一團隊的資料庫、不得使用共享記憶體模式、不得有任何的後門。唯一被允許的訊息溝通方式是透過網路上的服務介面。

不論各團隊使用什麼技術，都必須遵守前述規定。

所有服務介面必須徹底重新設計，以實現可外部化（externalizable），不得有例外。也就是說，團隊必須規劃及設計，以便將服務界面公開給外部開發人員，不得有例外。

任何不遵守此規定者，都將被開除。謝謝你們，祝愉快！

貝佐斯

二〇〇二年，當亞馬遜執行長貝佐斯寄出這封電子郵件時，這個線上零售商正值撞牆期。[1]當時的亞馬遜已經難以支撐自身成長，因為在大量業務背後的軟體基礎設施承受不住壓力，導致營運流程經常出問題。這時亞馬遜的系統大體是透過收購而拼湊起來，用一個單薄的共同首頁乘載著龐大的銷售數量，以及太多不同種類的產品與業務（從書籍、辦公用品、電子產品到服飾，簡直無所不包）。在技術及資料結構欠缺一致性、對顧客沒有一致觀點的情況下，亞馬遜陷入四分五裂。

貝佐斯的這份公告是商業數位轉型中的開創性文件之一。我們在前面幾章探討過新型公司的誕生與成長，想要建立與發展二十一世紀的公司，其要領不在於利用網際網路或是採用行動技術，或是當個「數位原生」公司，而是要採行不同的架構，建立徹底不同的商業模式及營運模式。

數位型公司不採行傳統的組織模式，透過種種封閉塔式的專業化流程來營運，而是仰賴一個整合、高度模組化的數位基石，資訊技術不再只是傳統流程及方法的一項輔助及優化工具，軟體構成公司的實際營運核心。在二十一世紀的數位型公司，由演算法驅動、以資料為燃料的軟體，取代傳統的勞力與資產密集型組織，構成公司向顧客傳遞價值的主要路徑。因為這些數位基石，公司能夠產生遞增的規模、範疇及學習報酬，大大勝過傳統的商業模式。

若人工智慧工廠不是嵌入於一個善用利用人工智慧力量的營運模式裡，那麼，縱使是舉世最先進的人工智慧工廠，也無法實現允諾的價值，貝佐斯對這個道理的直覺相當傑出，用我們的話來說，他看出亞馬遜可持續成長的關鍵在於改造其營運架構（operating architecture）。營運架構會定義出營運模式中各個組件之間的界線與接合，貝佐斯了解，一個數位型公司需要不一樣的營運模式，這個營運模式必須架構成使用一個把軟體、資料及人工智慧整合起來的核心，用它來驅動一種新型組織。

為了解析貝佐斯這份備忘錄的重要性，以及它對於現代公司的設計意義，下文首先稍稍繞道，談論營運模式的歷史，以及營運模式和組織與技術的架構之間的關係。

貝佐斯與鏡像假說

管理研究中有一個滿有趣的領域，是聚焦在組織結構和組織所使用的技術系統架構之間的關係。簡言之，組織反映系統，系統反映組織。這個看似簡單的觀察，對企業發展卻極具啟發性。

電腦科學家康威（Melvin Conway）在一九六七年指出：一個組織的系統設計，會反映出組織本身的溝通結構。[2]「康威定律」（Conway's Law）是基於以下相當符合經驗法則的論點：一個整合性的技術元件若要設計得宜，其設計者必須經常溝通交流。因此現在人們普遍認為若希望關聯性任務能夠取得較好的成效，應該交由整合型團隊執行，而且團隊成員工作地點最好相距只有幾步之遙。[3]這樣一來，我們就不難理解為什麼負責軟體開發的是敏捷專案團隊（agile feature teams），而不是功能團隊；以及為什麼製造、財務或其他專業人員會被納入團隊之中。

這種觀點被總結為「鏡像假說」（mirroring hypothesis）：「專案、公司或內部單位間的組織連結……會與正在運行中的技術系統彼此呼應。」[4]這意味著不只是軟體設計任務，就連組織架構也會和目前採行的技術系統相互影響。

這些相互強化的關連性可能變成一家公司的一項重要資產，促進工作執行的品質與效率。當組織執行相似的工作，例如為各種車款和不同代的同車款進行設計與生產車子的門把時，它們發展出高效能的執行工作方法，歷經時日，這些嵌入於技術、流程及固定程序裡的方法，使組織建立其獨特性及特色。例如，經過多年的努力實行，豐田汽車的豐田生產制度（TPS）已經嵌入其組織裡。透過獎勵與績效評量制的強化，這些型態幫助改善日常活動的表現。

不過，相似工作的執行效率歷經時日提高，這些型態也可能會束縛一個組織，形成慣性，減損組織對於變化的反應力。我們的哈佛同事韓德森（Rebecca Henderson）和克拉克（Kim Clark）在一九九〇年發表的一篇文獻中指出，需要改變技術元件之間架構的架構創新（architectural innovations）對既有公司構成一種特別的威脅。[5]許多例子反映了他們的這個洞察，例如，在面臨來自索尼公司（Sony）的競爭下，美國無線電公司（RCA）未能重新架構組織，並且把它的桌上型收音機及音樂器材縮小（諷刺的是，索尼使用的還是來自RCA授權的技術呢！）。又如IBM未能從主機型電腦轉型至個人電腦；微軟公司未能把個人電腦重新架構成智慧型手機。架構慣性（architectural inertia，抗拒調適）的概念進一步導引出克里斯汀生（Clayton Christensen）的破壞式創新理論[6]，根據破壞式創新理論，和現有顧客的關係所建立的架構慣性，阻礙了組織對破壞性變化做出有效的反應。[7]

許多這類觀點及理論的基本意思相似：組織變得擅長以特定方式做某件事後，它們就發展出相互強化的固定程序及制度系統，變得難以用不同的方式做事，架構慣性導致難以做到需要以新方式組織工作的轉型。

過去三、四十年，架構慣性深植於企業資訊技術的發展演進故事裡。企業IT大致上順著傳統營運及組織分界來部署，我們有總分類帳系統、行銷「自動化」軟體、顧客關係管理軟體、產品生命週期管理軟體、企業資源規劃軟體，每一種軟體貼切的嵌入傳統型公司既有的個別組件裡。雖然，個別部分的效率改善了，但這種組件化局限了資訊技術的系統性影響，也限制傳統型公司的規模、範疇及學習潛力。

貝佐斯撰寫如此明確且煽動人心的備忘錄，是試圖打破架構慣性，改變亞馬遜的技術及組織架構。他決心改造亞馬遜的營運架構，為建立一個軟體的資料及人工智慧導向的公司奠定基礎。

在探討新模式之前，我們先快速回顧，以了解營運模式的歷史根源，檢視傳統型營運架構的面貌，探討它們何以如此根深蒂固。

歷史觀

早在資訊技術問世的很久以前，公司就已經演進成封閉塔式的營運架構，由專業化且大致上自治的功能部門和營運單位構成。營運模式至少可遠溯至義大利文藝復興時代，為了管理組織的複雜性，把組織劃分成更小的獨立單位，每個單位專注於一項個別的工作及領域。[8]每個單位被授予相當大的獨立性，以提高靈活彈性，減緩極其緩慢的溝通聯繫管道造成的拖累。

分散式商業營運架構最早已知的一個例子出現於十五世紀，在義大利的普拉托（Prato），羊毛及織品交易的營運分布於許多專業化生產、運送、銀行及保險機構[9]，這種營運模式是種種專業化組織的寬鬆連結，在一些案例中，各組織之間的關係是由家族關係建立的，其他案例則是更正式的建構各組織之間的關係，事業夥伴之間有資產共有權，形同建立一個有多功能結構的控股公司。這些「原始」組織形成一個高效能營運模式，在歐洲建立起領先地位。

最早的現代公司

最早的現代公司可能是創立於一六〇二年的荷蘭東印度公司（Dutch East India Company），由七家相互競爭的貿易公司合併而成，透過整合各種船運資產及管理個別航程涉及的高風險，該公司達到經濟規模。但是，為了管理其龐雜的營運，荷蘭東印度公司演變成一個多單位架構，把組織劃分成許多專業、地區性、大致上自治的單位，使該公司能夠管理多國、多領域的營運，而不致招架不住溝通聯繫上的延遲和經營管理上的複雜性。這種封閉塔式的營運架構和彈性的管理方法很合適公司營運地點分布各處的需求。

荷蘭東印度公司發展壯大成經濟龍頭，首先壟斷亞洲與非洲的香料（例如荳蔻、荳蔻皮、丁香）出口貿易，繼而擴展至壟斷絲、棉花、瓷器、紡織品的出口貿易。到了一六七〇年，它可能是有史以來舉世最富有的公司，擁有近兩百艘船，雇員超過五萬人（再加上一支規模龐大的私有軍隊），構成一個制霸全球貿易的龐雜營運模式。[10]

儘管貿易及金融服務在十七到十八世紀間持續成熟與進步，但製造流程並未出現顯著發展，依然維持被稱為「銼磨與裝配」（filing and fitting）的傳統工藝生產方式。器物必須仰賴專業工匠手工逐一打造出所有零組件，然後逐一進行「銼磨」調整，確保它們能夠順利「裝配」組合起來。

量產的興起

工業革命改變了生產方法，從英格蘭到美國，量產方法的興起驅動一波專業化及標準化。量產不同於「銼磨與裝配」方法，指的是每一個工作者專注於單一組件或生產流程的單一階段，這使得營運模式能夠受益於專業化及重複步驟，促進規模優勢及提高學習速度。這種方法促成組織中根據工作性質或學門的專業化，這進一步區分了公司的營運架構。

量產及工業化的典型出現在汽車業，最重要的是福特汽車。福特（Henry Ford）於一九〇三年在密西根州迪爾伯恩（Dearborn）以來自十二名投資人的兩萬八千美元現金創立這家汽車製造商，他的願景是把汽車運輸變得務實、平價，一般人買得起，而且買得到，他察覺到一個機會：設計與生產售價能夠滿足中產階級顧客龐大需求的汽車。

推出於一九〇八年的T型車（Model T，又被暱稱為「Tin Lizzie」）是明確為量產而設計的一款車，有效率、耐用、可靠、易於維修，被廣泛視為第一款多數美國消費者買得起的車子。面對排山倒海般的新車需求，福特必須找到一種傳遞價值的新方式。

福特在一九一三年於高地公園工廠（Highland Park Plant）推出第一條移動式底盤組裝線，改造了製造流程。傳統上，汽車是在固定位置上進行組裝的，作業員來到每一部車子的位置配送與焊接需要的組件。在組裝線上，車子被輸送經過一系列固定在位置上的作業員，每個作業員執行高度專業化、範圍愈來愈窄的組裝工作。在著名管理學家泰勒（Frederick Taylor）的幫助下，福特的組裝線把T型車的組裝時間縮減至原先的十分之一，這大大降低了成本，價格降低至不到以往的一半，到了一九一八年，美國有半數的車子是T型車。

福特的營運模式是將專業技術及相關組織分解為最小、最專業化、最標準化的人力工作。透過空前程度的標準化及專業化，福特成功躍升為當時全美國規模最大的製造商。

二十世紀的營運模式

福特的營運模式領導汽車業數十載，後來，通用汽車供應更多價位、更多樣的車款，開始侵蝕福特的市場占有率。為了增加公司營運架構供應的車款與價位類型，通用建立專門的組織單位，例如雪佛蘭（Chevrolet）、別克（Buick）、吉姆西（GMC）、凱迪拉克等等，每一個單位專注於一條不同的產品線，有自己的專業化組裝線。這些大致上自治的產品單位，使通用汽車能夠聚焦於不同顧客區隔的特殊需求[11]，這麼一來，組織封閉塔不僅根據狹隘的功能來區分，也根據產品來區分。

通用汽車的模式在整個一九五〇年代和一九六〇年代稱雄，直到新一代的競爭者（多數來自日本）推出效率更佳、品質更優的汽車，它們的成功源於更精進的營運模式及營運架構設計。豐田汽車的豐田生產制度（TPS）營運模式增添一個要素：致力於在組織所有層級學習與解決問題。豐田的模式在汽車業普遍的傳統狹窄專業化上回推，但外界非常難以仿效及成功採行它，縱使豐田完全開放工廠供外界觀摩，撰寫很多有關製造流程的書籍，和其他車廠建立合資企業，外界仍然難以仿效與成功實行。

汽車業之外，量產模式在二十世紀於歐美多數製造業中快速起飛，伴隨工作者及組織的專業化，以及生產線創造更多的產出，製造業營運模式享有遞增規模經濟，效率隨著營運量的增加而提高，在專業化改善工作之下，品質也提升。此外，產出的增加促成更多的學習，進而提升生產效率。這些經濟效益幾乎把從武器到紡織、從農業到保險的廣泛製造業及服務業的傳統手藝給抹除了。

歷經時日，專業化、專注及標準化等等量產模式的概念也廣泛散播至服務業，特別明顯的是，超市的成長仰賴重大的流程標準化，以及採購與配送的規模經濟；麥當勞之類的速食連鎖店仰賴高度可重複性的工作，以及供應鏈和料理食物的規模效率。專業化及標準化使得連鎖旅館、銀行、能源公司、保險公司、醫院及航空公司的效率提高。

時至今日，高度專業化、封閉塔式的營運模式仍然在製造業及服務業中扮演重要角色。以在中國組裝生產iPhone手機的富士康科技集團為例，富士康的鄭州園區占地二・二平方英里，能夠容納多達三十五萬名員工，專業分工得極細、極明確、且高度優化。鄭州廠有九十四條生產線，把iPhone手機的組裝分為約四百個步驟，包括拋光、焊接、鑽孔、上螺絲等等。鄭州廠一天能夠生產超過五十萬支iPhone手機，大約一分鐘生產三百五十支。雖然，類似這樣的現代製造線是由資訊技術輔助，追蹤零組件及產品，分析問題，或操縱機器人組裝線，但現代營運模式仍然是靠著設計與產品及流程發展有關的標準及可重複性作業來驅動規模化。

我們要再次強調，部署與採行企業資訊技術系統並不會改變營運模式的軌跡。從一九六〇年代及一九七〇年代的主機型電腦，到一九八〇年代起飛的客戶伺服器模式，再到一九九〇年代採行的早期網際網路型系統，在這幾波的資訊技術採納時期，資訊技術系統改善許多傳統營運流程的績效，例如甲骨文（Oracle）的金融財務軟體、思愛普（SAP）的產品生命週期管理系統，但是，這些資訊系統大體上反映了公司的封閉塔式及專業化的架構。雖然，這些資訊系統往往改善效率及反應力，驅動更高的規模經濟及跨營單位的學習，但技術本身並未改變企業的架構。

在一家又一家的公司內部，流程、應用程式及資料仍然嵌入在各自獨立的封閉塔式組織單位中（如同圖4-1所呈現的那樣）。我們發現，多數大型企業的資訊系統（以及重要資料）通常是在不同時間以不同方式建置，長久以來各部門依其專業及需求各自發展，使得系統及資料往往無法相容，彼此孤立而難以交流。在一家大型公司中，往往存在數千種企業應用程式、IT系統及分散在各處的資料庫，各自支援不同的資料模型與架構。如果選擇不重新架構整個系統，直接開始進行不同部門之間的資料整合，這不僅會是一個極其冗長、複雜、且不可靠的過程，而且往往需要耗費龐大的資源。因此毫不意外的，這類專

圖4-1　封閉塔式結構

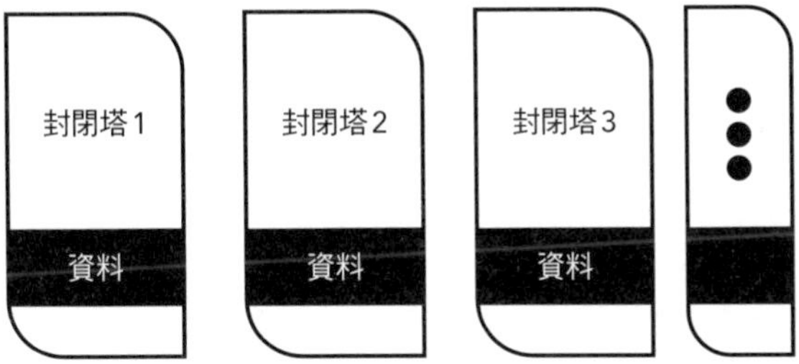

案往往會飽受時間延遲及成本超支的無盡苦難。

傳統的營運限制

從荷蘭東印度公司、通用汽車到麥當勞，營運模式強化了企業的自主性及專業性，並帶來更好的生產與創新能力，這些案例顯然相當成功。然而也有許多證據顯示：伴隨營運擴張而來的複雜性，最終將會超出組織的負荷，因而為競爭者開啟機會。傳統營運架構會對公司規模與價值的成長構成嚴重限制，例如在面對通用汽車的產品種類與差異化，以及豐田汽車的流程改善與品質管理時，福特汽車的大量生產方式立即陷入困境。不只如此，就連豐田生產制度也難以應付規模快速成長所帶來的複雜性問題，該公司在二〇〇〇年代中期的多次產品召回可茲為證。[12]隨著傳統型組織利用規模經濟持續擴張，它們勢必得面臨經濟學上所謂的「規模不經濟」問題。

當組織擴張時，它們變得愈來愈複雜而難以管理，它們累積了繁文縟節，變得缺乏效率，它們建立種種規範、誘因、與獎勵，這些都滋養出慣性。在規模太大、範疇（種類）太廣、學習與創新的需求太大之下，如何管理流程最終將不再運轉順暢，導致缺乏效率，甚至失敗。工廠達到最適規模後，隨著規模的繼續擴增，將開始變得笨重，不便於組織及管理。餐廳達到最大化的規模及範疇後，它們的顧客及菜單開始超出員工的負荷能力，系統也招架不住。就連研發組織及產品開發團隊也可能成長得過大，損及它們的生產力及創新力。這些限制形塑一個組織的最大效率規模，也限制了它的成長。

很顯然，傳統的資訊技術未能明顯鬆開這些限制的束縛。伴隨一個傳統型企業建立更多部門封閉塔，它設立了大量的ＩＴ系統，從顧客關係管理系統，到總分類帳軟體，每一種ＩＴ系統各自滿足其所屬部門的需求。但是，當組織試圖整合及匯總各種應用程式與連結有潛在助益的資料時，卻是冗長而痛苦的工作，因為必須透過客製化軟體來仔細拼湊原本各自為政、互不連結的舊系統，而歷經時日，定製軟體本身又會導致自己的慣性，抗拒變革。

圖4-2　傳統型組織傳遞價值的能力是一條報酬遞減曲線

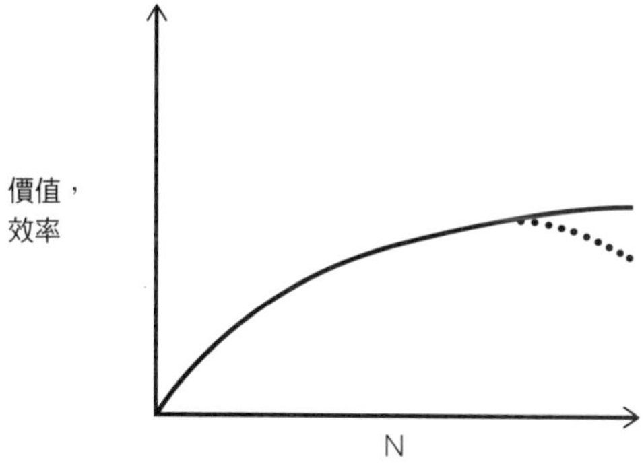

N是一個參數，代表種種變數，例如一平台的用戶數或互補物的數量

概括的說，公司被它們的營運模式形塑與限制，這些模式有助於管理複雜性與成長，但這種幫助有個極限，傳統的部門組織結構及營運封閉塔也導致公司面臨限制，以及規模、範疇及學習的報酬遞減。儘管管理及營運經過了幾個世代的普遍改善，儘管企業資訊技術被廣為採用，營運模式的複雜性，限制傳統型公司能夠傳遞的價值，如圖4-2所示。

一個重要、但困難的轉變

貝佐斯寫這份備忘錄之前，亞馬遜已經開始顯得像一家傳統型公司，它的組織、資料、與技術已經演變成封閉塔，各個零售業務領域大致上由各自為政的單位負責，封閉塔之間的連結是隨興的，通常無法預測，為了應付立即的需求而連結。當時，亞馬遜正在應付事業規模化與範疇化面臨的限制，它需要重大的架構變革。

貝佐斯深知，在軟體事業裡，使用多種版本的相同程式是痛苦的惡夢，此外，資料分布於各個系統與部門，妨礙資料的匯總，破壞資料匯流的完整性，阻礙建立對顧客的完整觀點。他的英明洞察是，在支援傳統營運工作（例如供應鏈、零售營運）的同時，亞馬遜可以從軟體著手，開始重新架構這些工作。他的願景是建立最佳的軟體與資料導向營運模式，以便把他的零售營運擴展至空前水準的規模、範疇及學習，但是，他也認知到，想把一個軟體與資料導向的組織規模化，他必須打破組織與技術上的封閉塔。圖4-3追溯亞馬遜的轉型發展歷程。

貝佐斯尋求同時重新架構亞馬遜的技術與組織，他認知到當時的軟體能力已經進步到足以運作亞馬遜的營運模式中的許多部分，因此在一個軟體平台上重建亞馬遜的零售營運，這軟體平台逐漸嵌入一個先進的人工智慧工廠。在此同時，亞馬遜的組織根據新的架構分界來改造，重視廣為部署敏捷團隊，在明確建立的介面之間工作。

亞馬遜的轉型自二〇〇〇年代初期開始帶來許多挑戰與成功。當第一個平台重新設

圖4-3　亞馬遜的轉型發展歷程

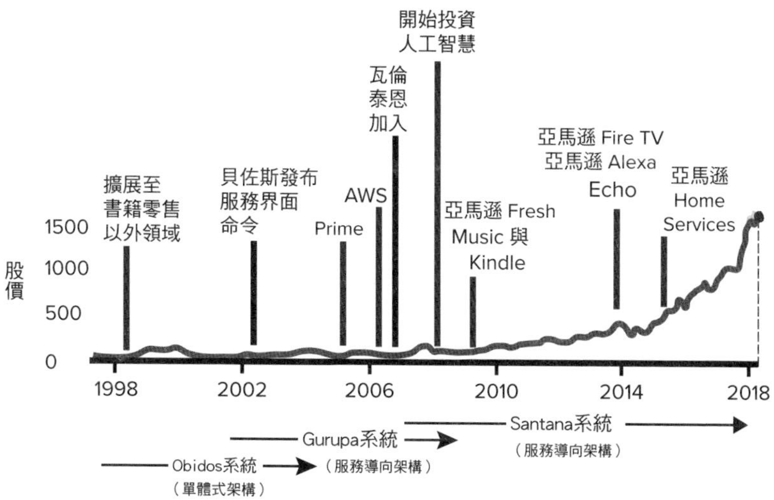

圖中的曲線描繪亞馬遜股價，Obidos、Gurupa及Santana是亞馬遜建立的系統，用以增進其營運能力並達成其規模、範疇及學習目的。

計並不如期望時，該公司聘用當時任職微軟的軟體部門主管瓦倫泰恩（Brian Valentine），督導過微軟成功推出Exchange、Windows 2000及Windows XP的瓦倫泰恩引進他深厚的平台經驗。很顯然，重建亞馬遜的IT基礎設施的工作是交給一個軟體平台領導人負責，而非交給一個傳統的IT專業人員，其目的是要從封閉塔式、不相互連通的IT轉變成一個確實由軟體及資料驅動的平台，有共通的一組基石，可以被用來驅動亞馬遜各種快速擴張事業的規模經濟與範疇經濟。

亞馬遜平台的第三個版本使

用名為「Santana」的系統，儘管花了很長時間才完成，但它把亞馬遜推向現今的領先地位。瓦倫泰恩建立了一個優異堅實的軟體平台，有一套中央化、標準化的服務，以及和這些服務互動、清楚的應用程式介面，這項轉變需要亞馬遜改寫近乎它的所有電子商務服務，而新平台雖然更加優異，但花了比原先預期更長的時間去建立與實行。[13]

在重新設計其零售平台後，亞馬遜的發展組織演進成一個模組化、分散式結構，在共同的Santana技術基石下，「兩個披薩」敏捷團隊（為了減少不必要的會議，貝佐斯命令團隊規模不能太大，不能超過兩個披薩可以餵飽的規模）可以獨立工作，但同時又遵從清楚明確的架構規範，使團隊可以分享與共用程式，跨應用程式的匯總資料。這麼一來，亞馬遜的架構就能維持共同基石，最重要的是，可以匯總資料，餵給機器學習與人工智慧，同時又保持小團隊的敏捷力。

Santana系統使貝佐斯得以進入下一個階段，快速建立資料匯流和許多世界級的人工智慧應用，從推薦引擎到亞馬遜Echo及Alexa，該公司已經變得擅長在其整個企業中部署人工智慧。雖然，亞馬遜從未在基礎的人工智慧研究領域領先（Google及微軟比它更先進），但該公司已經變得擅長在事業的所有層面部署最先進的人工智慧，產生極大的營運影響。

在人工智慧領域，亞馬遜不算祕密的祕密武器是它的雲端服務事業單位亞馬遜網路服務公司（Amazon Web Services，簡稱AWS）。目前服務上百萬個顧客的AWS，其使命是使包括電腦運算、儲存及資料庫等等資訊服務的取得管道大眾化，其人工智慧工具箱也朝往相同方向。AWS自二〇一五年起開始向顧客供應亞馬遜機器學習，並快速使用來自Alexa的創新，提供語音辨識、文字轉換語音服務、自然語言處理介面。

AWS的顧客（如美國太空總署、Pinterest等大型組織和許多的新創公司）馬上開始應用這些人工智慧工具來解決自己的問題，在許多層面得到顯著進步。亞馬遜現在提供SageMaker，這個軟體工具箱讓顧客使用亞馬遜開發的套裝系統、演算法及工具來分析資料，從中汲取洞察。人工智慧再發明的範疇太廣了，以至於亞馬遜本身的內部機器學習研討會已經從數百個與會者發展成數千個，漸漸變成公司最大的內部活動。

亞馬遜在營運架構轉型上的努力起了示範作用，成為日後數位轉型浪潮的領航者。從螞蟻集團到Google，新世代的人工智慧導向公司以這種營運模式來設計與建構，透過結合軟體、資料及分析來驅動規模、範疇及學習，強調敏捷團隊聚焦於整個組織的特定應用。這些應用模式與數百年來的企業發展軌跡大相逕庭，呈現截然不同的架構，也威脅到傳統型公司的生存。

人工智慧型公司的架構

你該如何建立一個以程式為基礎、而非以人力為基礎的組織呢？首先，我們必須記住，不同於人力，一個數位系統（我們姑且稱之為一個數位「代理人」）可以用零邊際成本和幾乎無限量、執行相似工作、位於世界任何地方的其他數位代理人溝通。此外，同一個數位代理人可以很輕易的連結至許多其他代理人的互補性活動，提供大量的潛在組合。最後，數位代理人在處理資料時，可以內建處理指令：不僅能夠執行邏輯，也能夠學習和自我改進的演算法。

數位代理人或許還不能像人類那般聰明或有創意，但不同於人類，數位代理人沒有自主或隔離的需求以降低複雜性或規模或限制互動種類，只要數位系統使用一個設計得當的共通介面，它們就能連結與結合能力，大大擴增可能性。

我們所說的，不是一些連結而已，而是潛在無限的連結。想想全球資訊網（World Wide Web），透過極富彈性且通用的網路與介面，連結不計其數的網站，而許多網站經常以原始設計者從未想到的方式彼此互動。同理，iOS和安卓平台連結數百萬種應用程式及服務，從健康與健身到金融服務，種類及功能多到不勝枚舉。是以，數位營運架構不需

圖4-4 一個人工智慧型公司的營運架構

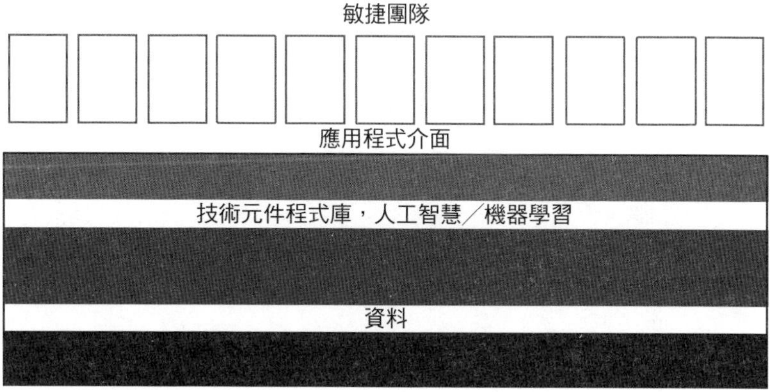

要孤立的功能性封閉塔或個別單位之間的硬區分，它們受益於無限連結與資料匯總，驅動愈來愈強大的分析。

在採行數位型營運模式之下，組織應該設計成能夠釋放其數位技術的潛力，如圖4-4所示。這意味的是，建立一個包含資料與技術的基石（或平台），這個平台可以簡單且快速的部署以創造或連結至新的數位代理人，這個數位代理人的形式是滿足廣泛種類用途的應用程式。

理想的情形是有一個資料輸入、軟體技術及演算法的共通基石，全都由一個人工智慧工廠來提供，如同第三章所述。這個基石提供易於使用（但審慎設計與保全）的介面，供開發個別應用程式的團隊使用，應用程式連結這個基石，以執行從顧客關係管理到供應鏈的種種營運工作。用以開發這些應用程式的流程是由小型的敏捷團隊驅動，這些敏捷團隊具有資料科學、工程及產品管理等能力，敏捷流程和數位營運架構密不可分。

現代營運模式還具有另一個特徵，那就是持續不懈的聚焦於透過學習來改善績效。雖然，部分學習是即時發生的，例如資料微調品項建議及訂價的演算法，但如第三章所述，很多的學習也發生於專門的實驗平台上。每天，員工可能進行數百、甚至數千的A/B測試或隨機對照試驗，以了解如何調整服務，以引發消費者行動，提高滿意度，最終創造更多營收。雖然，資料是中央化處理，但公司的實驗能力高度去中央化，幾乎凡是有一個假說的人都可以進行活實驗，使用實驗結果來推行有用的變革。

數位型營運模式應該提倡模組化及再利用已經開發的軟體及演算法來執行各種營運工作，這需要在建立功能性方面採行一致的框架，例如建立使用者介面時使用的React框架，或是資料處理使用的Apache Storm框架。有趣的是，很多的軟體可以從開放領域取得，因為競爭優勢的源頭將轉移至公司蒐集到的資料，也就是說，新型公司的誕生，使我們從以往聚焦於開發專門的技術與軟體，轉向側重共同開發及開放原始碼。

打破傳統的限制束縛

在一個數位型營運模式中，員工不從事傳遞產品或服務的工作，他們設計與監督一個用軟體來自動化、用演算法來驅動的數位型「組織」去執行實際傳遞產品或服務的工作。這去除了限制一家公司的規模、範疇、與學習潛力的營運瓶頸，因而改變了成長過程。

把主要途徑上的人際互動去除，這對營運模式有重要影響。數位代理人多服務一個使用者的邊際成本變得不足為道，改變增加產能的流程，變得更容易規模化。此外，透過軟體及分析，解決很多的營運複雜性，或是把很多的營運複雜性外包給公司營運網絡中的外部節點。因此，只要你能繼續對技術基礎設施增加運算力及儲存量（現在，技術基礎設施主要在雲端，隨需使用），並增加人工智慧工廠資料管道中的資料量，演算法驅動的營運模式幾乎可以無限規模化。

數位技術本質上是模組化的，能夠很容易的促成更多的商業連結。當一個流程完全數位化後，這個流程就能很容易的外掛在事業夥伴及供應商外部網路上，或甚至外掛在外部的個人社群，提供更多的互補性價值。因此，數位化流程本質上是多邊流程，可以大大擴增營運範疇，在一個領域傳遞價值（例如累積與一群消費者有關的資料）後，相同的流程又可被連結到其他的應用程式上傳遞價值，將傳遞給顧客的服務項目數量及總價值加倍增加。螞蟻集團和亞馬遜就是這樣運作的。

一個數位型營運模式所創造的價值也可以隨著學習效應帶來的遞增規模報酬而快速增加，這是分析及人工智慧可以發光之處。人工智慧與機器學習靠資料而強大，機器學習模型進化後，它們能夠學習的資料量也快速增加。伴隨規模（或甚至範疇）擴增，累積的資料也增加，演算法學習得更多，變得更精進，幫助事業創造更多的價值，進而使產品或服務的使用者／使用量增加，這又進一步生成更多的資料。機器學習對數位型事業（例如亞馬遜Echo或臉書廣告網路）的影響，有效的增強一個事業對其使用者傳遞價值的方式。

最後，這新型的組織改變了管理的角色，管理終於不再是監督，尤其是監督那些執行固定程序工作的員工。在一個人工智慧驅動的營運模式中，經理人是設計師，形塑、改善及控管那些去察覺顧客需求、並做出反應、傳遞價值的數位系統。經理人是創新者，他們設想這些數位系統將如何與時進化。經理人是整合者，他們致力於連結不同的數位系統，辨識公司的營運模式和其服務的顧客之間的新連結。經理人是監護人，他們致力於維持他們控管的數位系統的品質、可靠性、安全性及責任。以人工智慧為核心的數位型營運模式不僅挑戰幾乎所有傳統管理及營運假設，還迫使我們徹底重新認識公司及其管理團隊的性質、公司的成長能力，以及公司的影響力與局限。

不過，以資料為中心的營運架構所驅動的人工智慧型公司雖然具有龐大的商業潛力，許多傳統型公司仍然裹足不前，它們傾向保護既有能力、固定程序及組織分界，有時候，這些是歷經數十載建立起來的。它們要不就是未能看出它們的架構問題，要不就是不願意充分投入於解決架構問題所需要的組織轉型。坦白說，技術是容易的部分，誠如許多人所指出的，組織變革才是真正困難的部分。

下一章我們將探討，想轉型為人工智慧型公司需要下哪些工夫。

第五章

數位轉型之道

信念必須佐以耐心。

——微軟公司執行長　納德拉（Satya Nadella）

二〇一一年二月九日傍晚，納德拉即將結束他擔任微軟公司伺服器與工具事業單位總裁的第一天工作，他剛主持完和伺服器與工具事業單位的一群產品經理的重要會議，本書作者顏西提和友人暨同事理查茲（Greg Richards）[1]行經其辦公室，他們想跟他打招呼，寒暄一下。他們向納德拉的辦公室窺了一窺，納德拉向他們招手，邀請他們進入。

三人聊著聊著，談到這個事業單位的未來。當時，微軟伺服器與工具事業年營收超過一百五十億美元，幾乎全來自兩項產品：Windows Server和SQL Server，兩者都是傳統的就地安裝軟體。問題是，納德拉打算對微軟的雲端運算服務蔚藍（Azure）下多大的賭注呢？當時，蔚藍已經問市兩年，但被廣泛視為一個悽慘的失敗，葛瑞格和顏西提對其前景抱持懷疑，但納德拉充滿信念：「雲端是我們的未來，基本上，我們別無選擇，我們會讓它成功。」他很堅定。

三年後，納德拉從鮑默（Steve Ballmer）手中接下微軟執行長的棒子，領導微軟轉型成一家雲端軟體公司——包括蔚藍之類的基礎設施（蔚藍已經被徹底重新設計，安裝量每季翻倍），以及Office 365之類的雲端型應用程式。納德拉擔任執行長的頭三年，微軟的股價與市值漲至三倍。

該是再來一次大震盪的時候了，二〇一八年三月二十九日，納德拉向公司及媒體發出宣告，標題為〈擁抱我們的未來：智慧雲端與智慧周邊〉（Embracing Our Future: Intelligent Cloud and Intelligent Edge）。不到一年前，納德拉的友人、Google執行長皮采宣布Google的「人工智慧優先」策略，引發納德拉的共鳴而做出這項宣布，勾勒微軟的下一次轉型計畫：

過去一年，我們分享我們的願景，闡釋智慧雲端和智慧周邊將如何形塑下一階段的創新。首先，從雲端到周邊，電腦運算正在變得更強大且無所不在。其次，在全世界的資料與知識助長下，人工智慧能力正在快速發展，超越感知與認知。第三，實體世界和虛擬世界結合起來，創造更豐富的體驗，幫助了解人們的周遭環境、他們使用的東西、他們去的地方、他們的活動與關係。

這些技術變化為我們的顧客、我們的事業夥伴及每一個人帶來巨大機會，伴隨這新技術與機會而來的是，確保技術的好處惠澤社會中更多人的責任，同時，我們也必須確保我們創造出的技術受到使用它們的個人與組織的信賴。

今天的這個宣布使我們能夠在我們的所有解決方案領域迎向這個機會與責任。[2]

接著，他宣布一系列的組織變革與新領導角色，於是展開微軟在不到十年間的第二次營運模式重大轉型。

微軟的兩度轉型很引人注目，但絕非特例，幾乎每一家存活超過幾年的科技公司都歷經過至少一次營運模式與商業模式的全面轉型，亞馬遜、Google、阿里巴巴、網飛、騰訊，全都多次進行自我改造過。

但現在，不只是科技業需要不斷轉型，嵌入數位技術已經變得不只是需要，也是必要。對傳統型公司而言，變成一家以軟體為基礎、由人工智慧驅動的公司，就是要變成一種不同的組織，一種習慣於不斷轉型的組織。這並非指建立一個分支獨立的新組織，或時不時成立所謂臭鼬工廠的特殊任務小組，或是設立一個人工智慧部門，而是要徹底改變公司的核心，建立一個以資料為中心的營運架構，由一個能夠持續變革的敏捷組織支撐。

本章探討想轉型成一家人工智慧型公司所需要下的工夫，以及這種轉型的價值。我們首先討論微軟的轉型，敘述該公司推動商業模式及營運模式變革的過程。接著，我們闡釋一些重要啟示，總結五個原則，這些啟示不僅來自對微軟公司的觀察，也來自我們對其他數百家公司的研究心得。本章的最後部分聚焦於我們的研究所獲得的其他洞察，標竿分析轉型過程，擴大我們對於公司轉型的影響的結論。本章最後則會說明富達投資公司的轉型。

微軟的轉型

納德拉接掌執行長時，微軟是一家已顯疲態的公司，歷經每一台桌上型電腦都安裝

DOS、Windows及Office的瘋狂成長時期後，該公司面臨網際網路帶來的種種競爭威脅，並且遭到嚴厲的反托拉斯審視。隨著比爾蓋茲（Bill Gates）逐漸退居幕後，鮑默掌舵下的微軟欠缺創新火花，從Window Vista的出貨問題，到Zune音樂播放器的失敗；從人們對Windows 8的失望，到失策的諾基亞收購案，微軟遲遲沒有什麼值得慶祝的建樹。

微軟迷路了，或許，最令人擔憂的是它和軟體社群的漸行漸遠。微軟的開發者生態系是該公司成功的關鍵要素之一，比爾蓋茲和艾倫（Paul Allen）在新墨西哥州阿布奎基市（Albuquerque）的一間小辦公室裡共同創立微軟時，他們為第一代的微型電腦建立編譯程式。人們往往忘了，當他們開啟最早的蘋果電腦時，他們看到及使用的是Microsoft Basic。歷經時日，微軟培養出一個欣欣向榮的DOS生態系，接著又培養出繁榮的視窗開發者生態系，讓數百萬人撰寫個人電腦應用程式，使個人電腦變成一個無所不在的平台。當時，開發者社群被視為微軟最重要的資產。

接掌執行長時，納德拉了解到，微軟已經喪失了它對開發者的聚焦和技術優勢。隨著微軟開發者社群的縮減，它的平台凋萎，開發者轉向Linux及其他的開放原始碼。世界已經在一個由軟體、資料及人工智慧構成的基石上重建，微軟不再是人們選擇的平台了，微軟不僅需要一個新策略，也需要一個新使命。

新使命與策略

在建構微軟的新使命與策略時，納德拉回溯公司的起源，他向我們解釋：「最首要的是，我們必須振興我們的目的與認同感。」[3]微軟將再度成為一家追求驅動其生態系生產力的科技公司，它的新使命不僅宏大，也符合該公司的源起——如同納德拉告訴我們的：「微軟是一家科技公司，其使命是幫助地球上的每一個人和每一個組織有更多成就。」

這個新使命帶來一個新策略：橫跨其每一個產品線，像是Office 365，Microsoft Dynamics（企業資源規劃及顧客關係管理軟體）、蔚藍服務，微軟變成人工智慧時代的生產力平台。微軟的領導人強調對新使命及策略的堅定信諾，以及轉變成以雲端架構支撐、愈來愈由人工智慧能力驅動的服務型消費導向（你使用愈多，就付愈多錢）的重要性。

成為一個領先的雲端服務供應商，也意味著軟體架構的徹底改變與進化。微軟視窗（Windows）開發者生態系自一九九〇年代開始衰落，同時，最創新的公司建立在開放原始碼的基礎上，通常是隨需使用亞馬遜網路服務公司的雲端服務。自二〇一四年秋季，在沿著矽谷一〇一號國道密集造訪許多新創公司後，納德拉和當時的蔚藍事業領導人葛思禮（Scott Guthrie）決定該是微軟擁抱開放原始碼的時候了。在那之後不久，納德拉戴著一個上面寫著「Microsft（一個心形）Linux」的圓形徽章現身微軟開發者研討會。從此，納德拉堅定的讓微軟加快推動其開放原始碼專案，大力投資，把微軟的許多軟體放到開放域。二〇一八年微軟收購GitHub，增加公司新策略的推行力道。GitHub提供軟體專案管理工具，已經成為最盛行的開放原始碼軟體專案聚集地，收購GitHub之後，微軟現在對開放原始碼社群的中心地有了影響力。[4]

微軟公司內部並非所有人都認同納德拉的新策略，但他毫不猶豫。推行新策略需要大轉變，不少資深領導人離去，但其餘團隊和重要的新聘與晉升人員高度聚焦於這新策略。負責蔚藍事業的微軟公司副總裁沼本健（Takeshi Numoto）在二〇一九年初向我們解釋：「公司內部非常清楚雲端及人工智慧的重要性，我們沒有B計畫，納德拉已經朝向這目標前進約七年了，從那時起這點就很明確。光是在建立我們的雲端平台，我們一年的資本支出就高達五十或六十億美元。」

重新架構營運模式

讓組織對焦於使命與策略，這可能是比較容易的部分，很難想像，為了變成一家雲端及人工智慧型公司，微軟得歷經多少及多大的營運挑戰。微軟的典型軟體事業是銷售軟體CDs，反觀雲端型事業則是需要大舉投資於基礎設施：採購、搬遷及組裝價值數十億美元的伺服器、路由器及資料中心。

這一切是透過複雜的供應鏈來管理及組織，其規模相當於舉世最大的硬體公司的規模。這需要堅持不懈、專心致志的建立能力與產能，建立種種新流程與系統，不斷的解決問題，以及管理團隊的大轉變。微軟必須部署一條有效率及快速反應的供應鏈，優秀到足以媲美亞馬遜，可能是舉世最佳的供應鏈公司，這需要多年的辛苦努力，引進經驗豐富的經理人及顧問，繪出現有流程，打造改善的原型品，建造先進的數位型營運系統。

歷經多年的挑戰及可觀的虧損，微軟堅持不懈的投資終於開始獲得回報，營運能力更深化，前置期大大縮短，新系統指揮及追蹤供應鏈，提供清楚、幾乎即時的問題及延遲資訊。

雲端型架構帶來諸多營運益處。雲端服務業者持有及供應軟體，控管服務，可以根據使用者的持續回饋，不斷的改進。由於微軟的產品必須被實際使用，產品的雲端消費量才會增加，因此需要顧客加入。

雲端的顧客親密關係為分析開啟了種種機會。匿名化的產品使用情形讓微軟能夠快速得知顧客的專案是否暢通運作，哪些性能最有成效或最缺乏成效。從顧客專案回傳的資料消費情形被密切追蹤，提供有關於產品改進的重要遙測回饋，這些資料資產被匯總至愈來愈精進的微軟資料平台，這個平台輸入、保護及處理資料，確保品質及可用性，並且促成種種愈來愈強大的分析，分析產生的洞察促成重要的改進。「一旦你從事的是消費事業，你就成為顧客公司營運的一部分，責任重大」，沼本健告訴我們：「我們不能讓我們的系統變差，它們關係著顧客公司的營運，從選舉到航空公司極為重要的系統等等。」

改造核心

二〇一一年，納德拉被晉升接掌伺服器與工具事業之前，蔚藍雲端運算服務事業一直是以獨立自主的組織運作，這種組織架構對微軟導致種種挑戰。蔚藍一直被視為一個新平台，是提供雲端服務的事業，但與微軟的其他產品線沒有連結。此外，蔚藍團隊常與伺服器及工具事業的其他單位不和，因為蔚藍持續建造出不相容的軟體，並為爭取資源及地位而努力。

納德拉首先採取的一項行動是為蔚藍提供庇蔭，讓經驗豐富的微軟主管、之前領導微軟傳統視窗伺服器事業的萊恩（Bill Laing）掌管蔚藍，目的是把蔚藍從微軟的邊緣地位移到中心，以改造公司的核心。萊恩曾親身目睹各種傳統軟體事業因為未能變革而衰敗，因此很了解這項任務的重要性。

他們投入很多努力重新設計蔚藍，使它更容易使用，並且和傳統的微軟產品相容。為了明確脫離蔚藍的早期聚焦，並以微軟的既有優勢為基礎，蔚藍必須使傳統的企業軟體到新平台上。此外，蔚藍被重新設計成能夠跑Windows和Linux的工作量。微軟也增加更多的誘因，鼓勵客戶把一些應用程式轉移至蔚藍，納德拉知道，改變微軟的核心的關鍵在於改變微軟自己的既有顧客群。

和萊恩一起領導蔚藍改造工作的是備受推崇的工程部領導人葛思禮，他上任新角色後首先做的一件事情是說服伺服器與工具事業單位的其他領導人安裝蔚藍。他深切了解到蔚藍的軟體真的很難使用，他決定，他的首要任務之一是使這個平台變得更容易使用，讓微軟的傳統客戶端更容易加入。

葛思禮最終從萊恩手中接下掌管蔚藍事業的棒子，推動一個又一個的變革，使這個雲端運算服務事業變得更強大、更易於商業使用、而且和微軟的其他產品相容。葛思禮改造蔚藍的組織架構與流程，甚至改變其價值觀，他重組硬體與軟體發展團隊，使它們構成工程組織的中心，打破傳統的封閉塔。他把蔚藍的所有軟體整合起來，交由贊德（Jason Zander）掌管，硬體交由洪達爾（Todd Homdahl）及後繼的博卡（Rani Borkar）掌管，先進硬體工程則交給內爾（Mike Neil）領導。

此外，葛思禮下令整個組織採行敏捷方法，並且圍繞著凝聚、聚焦於事業的目標來重組產品團隊，要求每一支團隊不再聚焦於推出技術特色，改而聚焦於辨識及應付顧客痛點及使用情況。最重要的是，工程組織必須顯著改進其營運反應力。有一個雲端事業的好處是能夠持續獲得客戶端使用情形的回饋，凸顯問題，激發改進，「壞」處是工程組織必須即時或盡可能即時對此做出反應。

把人工智慧擺在第一優先

雲端轉型持續增溫的同時，微軟進入其第二個轉型：在其營運基礎設施及其產品與服務中部署先進的機器學習與人工智慧能力。宣布轉變後，納德拉把公司的工程活動整併成兩大團隊，執行副總葛思禮領導雲端與人工智慧事業工程部，吉哈（Rajesh Jha）領導體驗與器材工程部。

當納德拉宣布微軟的核心將是轉變為擁抱人工智慧時，組織已經做好這項轉變的準備了。實際上，自二〇〇〇年代初期起，在人工智慧與研究執行副總沈向洋（Harry Shum）的領導下，微軟就一直聚焦在建立堅強的人工智慧能力，工程團隊已經和研究團隊密切合作，在每一個微軟產品線嵌入人工智慧技術，例如，自二〇一四年起就供應蔚藍機器學習（Azure Machine Learning）這項服務。納德拉的宣布只是把它變得更重要，加速人工智慧技術的發展及產品的推出，但是，比投資於人工智慧相關專案更為重要的是，納德拉的宣布是要讓微軟本身的營運方式轉型。

微軟的開發者生態系是該公司的人工智慧策略的中心，蔚藍基礎設施使新創公司及企業裡的開發者容易取用微軟的強大人工智慧，蔚藍機器學習則是科塔納智慧套件（Cortana Intelligent Suite，大數據與分析整合解決方案）的一部分。蔚藍團隊也推出種種人工智慧型服務：搜尋、知識、圖像、語言、語音等等應用程式介面。微軟在二〇一八年中推出蔚藍資料工廠（Azure Data Factory），內建強大的功能性，以快速管理與監視資料整合專案，隨需的為一個以資料為中心的營運模式建立基石。

推動微軟的轉型

微軟的人工智慧轉型需要改造內部運作。微軟的資料資產、內部IT及作業團隊的轉型工作是由德爾班尼（Kurt DelBene）領導，他是歷經許多微軟重要產品任務的老兵，包括擔任過Office事業總裁，後來離開微軟，去拯救歐巴馬政府推行《平價醫療法案》（*Affordable Care Act*）的美國健保入口網站（healthcare.gov）。二〇一五年時，納德拉說服德爾班尼回來微軟，雖然，他回鍋後被派任的第一個工作是負責公司策略與規劃的執行副總，但他後來也接掌如今被歸入「核心服務工程與營運部門」（Core Services Engineering and Operations）的IT及營運組織，成為公司策略、核心服務工程與營運執行副總，以及微軟的數位長。納德拉選擇讓一位有廣泛產品經驗的人來掌管IT，幫助建立微軟自己的人工智慧工廠，以作為該公司以資料與軟體為中心的營運模式的新基石，這點很重要。

必須改變的東西很多。傳統上，微軟的IT團隊以被動反應模式運作，多數其他公司的IT團隊也是如此。長久以來，IT部門聚焦於部署系統及維修系統，從安裝顧客關係管理軟體，到支援客服部門，到維護企業網路的安全性等等。但是，隨著數位技術移至公司的中心地位，開始形塑與驅動重要營運工作，並且把它們自動化，ＩＴ必須能夠為一個徹底不同的營運模式建立與部署軟體基石。文化、能力、流程及系統，這些全都需要改變。

為了建立微軟的新數位型營運基礎設施，德爾班尼必須使微軟的ＩＴ轉型，在他的執掌下，微軟的ＩＴ變成主動模式，由一個清楚的成功願景作為引導。把ＩＴ和營運及策略整合在一起，強調ＩＴ在公司營運模式中扮演的重要角色。「我們的產品是流程」，二〇一九年接受訪談時，德爾班尼告訴我們：「首先，我們闡釋我們支援的系統及流程的願景應該是什麼。其次，我們像一支產品發展團隊般運作，而且，我們會敏捷的運作。」他把組織的名稱從ＩＴ改為「核心服務工程」，並降低它對外包開發及承包商的依賴度。這個組織也肩負預算責任，不再採行尋常的「交叉收費」模式。此外，他引進從產品部門精心挑選出來的領導人來幫忙形塑新方位和建立能力，這些領導人又從產品團隊招募更多的工程師以取代承包商，建立新的開發文化。

德爾班尼解釋：「我們可以辨識公司裡的所有資料在何處，一旦知道所有資料在何處，我們就會彙編所有資料來源的目錄，有了目錄，我們就能把資料混搭成資料湖，這樣，我們就能建立機器學習模型。我們尤其利用人工智慧去得知事情何時開始以出乎意外的方式進行。在過去，我們充其量只能儘快被動做出反應，但現在，我們可以對不好的契約、網路入侵之類的事情採取先發制人的行動。」微軟的核心平台團隊總經理豪達克（Ludovic Hauduc）這麼說明：

我們現在能夠在所有東西之上建立人工智慧與機器學習，我們可以搜尋我們所有的資料集，對它們做分析。我們提供的元件可讓組織用來建立運作整個公司的流程，我們架構成一個橫向平台，這有別於以往的ＩＴ營運模式，在以往的模式中，應用程式及服務是各自為政的封閉塔，極少共享，有許多版本的類似能力。當我和一個應徵者談話，描繪核心服務工程與營運部門這個組織的樣子時，我首先畫出公司的各個垂直支柱，然後把我所屬的核心服務工程與營運部門這個組織畫成一個橫跨其他組織與部門的橫向平台……。

此外，核心服務工程組織愈來愈和微軟的內部產品團隊合作，直接填補漏洞，解決問題，這些共同開發的活動徹底不同於以往ＩＴ部門的運作模式，幫助注入核心服務工程組織的深度專長，把微軟的開創力灌入自家產品，使微軟產品變得更有競爭力、讓企業易於使用，對微軟客戶更有價值。

核心服務工程與營運部門是微軟的轉型中心，致力於在一個共同的數位基石上改造傳統的封閉塔，這個營運基石把龐大的組織連結至一個共同的軟體元件程式庫、演算庫及資料目錄，這些可被快速用來數位化、賦能及部署整個公司的數位流程。這樣的「技術棧」（technology stack）已經成為微軟的營運模式基石，對銷售、行銷及產品團隊賦能。此外，這些努力提供一個重要的營運模式基石，可以廣泛適用在微軟的顧客群。

治理

在轉型過程中，微軟也正視人工智慧一些更廣泛的含義。納德拉在二〇一五年九月把長期擔任微軟總法律顧問的史密斯（Brad Smith）晉升為微軟總裁，其明確職責是監督微軟的企業、涉外及法律事務（corporate, external, and legal affairs，簡稱ＣＥＬＡ），並處理全公司的隱私、安全、易用性、永續及數位包容性課題。史密斯不是一般的總法律顧問，長期以來，他發聲支持這些課題並展開許多行動與工作，不久前，他和沈向洋合著《電腦運算的未來》（*The Future Computed*）一書，敘述微軟對人工智慧的觀點、人工智慧對社會的影響，以及科技公司應該扮演的角色。

微軟公司的研究部門和CELA之間的通力合作遠非只是合著一本書，它們共同制定治理微軟時使用人工智慧的戰術、策略及政策。微軟的人工智慧計畫總經理歐布萊恩（Tim O'Brien）這麼說：「這是公司內部再迥異不過的兩種文化之間的有趣結合。」[5]

微軟於二〇一六年在推特上推出人工智慧聊天機器人Tay，Tay的經驗使研究部門和CELA之間的通力合作更增添急迫感。推出Tay的目的是想把和用戶之間的互動個人化，並回答用戶的問題，甚至把用戶的說詞回應給他們。可是，Tay從和用戶社群的推文和聊天中學到了很多東西，包括不當言論，結果，Tay在推特上發出一些冒犯及種族歧視的言論，微軟緊急關閉它幾小時，公司也遭遇不小的抨擊。

CELA和研究部門的合作形塑全組織的新政策，尤其是在人工智慧和用戶及顧客的互動方面。除了為設計「負責任的機器人」制定明確的指導方針，微軟也指出六個「人工智慧原則」：公正，可靠與安全，隱私與安全，包容，透明，當責。[6]這些政策改變了微軟的組織工作，CELA團隊成員被納入從開發到銷售的各種活動中。微軟從產業的經驗中學習如何管理工程導向（有時是冒險傾向）創新文化和人工智慧對社會的潛在不利影響之間的矛盾衝突。

轉型的五個原則

微軟的轉型旅程顯示，一個營運模式的轉型絕對不容易，但可以做到，可以產生重要成果。事實上，許多傳統型企業，例如諾斯壯百貨公司（Nordstrom）、沃達豐集團（Vodafone）、康卡斯特公司（Comcast）、威世公司（Visa）——已經取得了重要進展，把它們的營運模式中的重要部分數位化及重新架構，建立先進的資料平台及人工智慧能力。

我們想強調有成效的轉型過程的五個原則，這些啟示不僅來自微軟，也來自我們目睹的其他組織，來自我們的研究，來自我們對轉型工作的積極參與。

原則１：有策略

轉型的第一個重要原則是策略的明確性與堅定承諾，應該清楚陳述目標，例如建立一個整合的資料平台，或組織敏捷團隊。組織將會對數位轉型懷抱濃厚興趣，但是，想要確實執行新策略，尤其是涉及執行的策略，務必對行動、持續力及最終目標的明晰保持無疑的嚴肅認真態度。使全組織瞄準於一個徹底轉型的目標已經夠困難了，若領導階層未堅定承諾要長期執行，那麼，組織或許該找獵人頭公司協助物色合適的新領導人了。

轉型的一個要素是，在改造公司的同時，使公司團結。這不是指把一支自主團隊分支獨立出去，或設立一個人工智慧部門，或成立所謂臭鼬工廠的特殊任務小組，為了重新架構公司的營運模式，必須在一個新的、整合的基石上改造公司。如同我們在微軟公司看到的，必須有一個清晰且令人信服的願景，輔以不斷的強化，以促成包括銷售、行銷、工程、研究、IT、人力資源、營運、甚至法務團隊等部門的整合、多面向的團結行動。當各部門單位的互動倍增時，協調將變得更加重要，資料不知道部門單位的界線，為了使公司改聚焦於以分析和人工智慧為基石，需要多部門的密切合作，以改善結果及降低風險。為去除妨礙事業已久的組織封閉塔，你可以端出什麼更好的理由？

當各部門開始凝聚團結時，顯著的商業模式創新潛力就能爆發。網路、分析、與人工智慧的結合，開啟種種價值創造與價值攫取、跨及種種新網路及學習的機會，透過愈多人工智慧導向，微軟本身的商業模式已經大大擴展，本書中提到的許多公司也一樣。

原則2：釐清架構

轉型的第二個重要原則是釐清轉型的技術面目標，每一個人必須了解你想要的未來營運架構變成什麼面貌。為了明確聚焦在資料、分析及人工智慧上，需要一些中央化及很高的一致性。資料資產必須跨及廣泛的應用程式整合，以使組織能夠實現轉型的充分效益，再者，若不整合資料，幾乎不可能一貫的保護隱私及資安。若資料不是全保存於一個中央化的資料庫，組織就必須有一個正確的資料目錄，有清楚明確的指導方針說明如何處理資料（以及如何保護資料），有如何儲存資料的明確標準，使資料可以供多方使用及再使用。當一個組織致力於部署愈來愈精進的人工智慧去驅動其營運模式時，標準政策、元件、與架構的重要性更甚。

此時，面對公司舊架構的擁有者，情況可能開始變得棘手，在參與或研究公司轉型過程時，我們最驚訝的一件事情是經常看到來自公司資訊長及ＩＴ部門的抗拒（或許，事後回顧，更加明顯看出）。許多企業的ＩＴ部門是為了不同的目的：運作一個複雜的ＩＴ後勤部門，確保一切有效且安全的作業。傳統的工作章程並不包含創新與轉型，傳統的ＩＴ技能鮮少包括分析，更遑論人工智慧。此外，傳統的ＩＴ部門被鼓勵消極反應，在既有的公司封閉塔內工作，這助長更多分裂與不一致性。縱使在微軟公司，為推動以資料為中心的新架構，需要在ＩＴ部門的章程、結構、文化及能力等方面做出重要改變。

原則３：聚焦在產品的敏捷組織

一個以人工智慧為中心的營運模式必須開發聚焦在產品的心態，跟任何聚焦在產品的行動一樣，負責部署人工智慧應用的團隊必須深度了解它們要以人工智慧來賦能的應用環境。正因為如此，亞馬遜及微軟公司讓以往負責重要產品業務、經驗豐富的工程部領導人來負責開發重新架構公司的營運模式所需要的軟體。

建立一個人工智慧型營運模式的核心工作就是把許多傳統流程嵌入軟體和演算法中，最終，一個轉型後的現代核心服務組織的實際「產品」就是人工智慧型公司及其種種人工智慧驅動的流程。

敏捷方法跟一個轉型、以資料為中心的營運架構是密不可分的。以往由顧問大軍歷經多年建立連結至特定資料庫的巨大定製化應用程式的做法將走入歷史，當資料、模型、與技術元件變得易於從公司的人工智慧工廠中取得後，就能很快速的建造應用程式，尤其是若涉及團隊夠了解下游場合與環境，而且這些團隊以快速敏捷方式工作的話。

很顯然，除了需要一個新的架構與組織方法，轉型也需要重大的文化轉變。營運模式的數位化，其實意味的是發展一種軟體文化與心態，它並非指在矽谷設立一個營運據點，而是指改變組織給人的感覺：從穿著要求到獎勵制度，從人才招募到薪酬等等。這可不是什麼先導試驗或研究工作，焦點應該擺在改變核心。

原則4：能力基石

為了建立一家人工智慧型公司，最顯然的挑戰是開發軟體、資料科學、與進階分析的深度能力基石，當然，建立這樣的基石得花時間，但一小群有幹勁、有見識的人就能做其中很多工作。

更大的挑戰恐怕是認知到組織必須有條不紊的招募一批不同人才，並建立適當的職涯發展途徑與獎勵制度。若組織認真看到轉型，將必須改變傳統實務，因為在市場上，這類人才很搶手。不過，微軟及富達投資的經驗顯示，若有正確的流程與獎勵，就能快速建立與激勵分析團隊。

較不那麼明顯、但同等重要而且必須招募及培訓的人才，則是資料分析師與產品分析師。當全新的人工智慧工廠開始整合企業資料時，企業必須培訓及開發專業技能、並領導團隊開發各種新型態應用人才，有商業背景與經驗的人在這方面會具有優勢。此外，資料分析師與產品分析師的重要性將隨著時間持續擴增，因為領導者面對層出不窮的挑戰時，將更加需要熟悉這些技術與能力的專業以及跨界人才。這可能預示新一代事業領導人的崛起，他們在公司內將推動更重視深度分析及軟體的心態，也能充分且敏銳的感受到人工智慧帶來的利弊影響。

原則5：多專業治理

伴隨人工智慧對每家公司愈來愈重要，它對社會的廣大影響會帶來更加艱難的挑戰，我們已經看到其中的一些挑戰，例如：若螞蟻集團的社會信用評分動態的隨著用戶和友人討論工作問題的訊息而更新的話，將會發生什麼情形呢？很顯然，人工智慧導向服務的力量可以帶來種種益處，但也可能引發令人不安的後果。此外，有關隱私及網路安全性的挑戰已經激發了可觀投資，也引發辯論與監管。這些挑戰已經成為ＡＩ型公司的重要瓶頸，很容易導致突然出現、而且一發生往往導致很嚴重的失敗。

因此，數位治理應該是跨專業及部門的通力合作，這使法務及公司事務部門的角色更為活躍，這些人員可以參與產品與政策的決策，而非只是參與訴訟及遊說活動。人工智慧需要深思法律及倫理的層面，組織應該積極為這些活動配備人員及提供支援。

最後，除了建立堅實的內部治理流程，組織也應該步出公司之外，和夥伴及顧客生態系及其周邊社群互動。人工智慧面臨的挑戰將隨著連結的網絡擴展而擴增，需要大量、專門的治理工作明確的考量經濟與社會體系的許多利害關係人，並與他們聯繫。

企業中的資料、分析與人工智慧

微軟對數位轉型的追求並非不尋常的個案，我們研究過數百家公司開發分析與人工智慧的歷程。多年來，我們透過質的案例研究方法及分析性問卷調查進行研究，這一節討論我們和楔石策略公司的一支團隊共同有系統的研究超過三百五十家企業的結果，我們評估每一個組織的資料、分析與人工智慧能力，調查其結果和事業績效的關連性。[7]

我們的研究結果顯示，儘管這些公司的種類與情況不一，但已經有相當多的公司發展出重要的新能力。此外，那些已經部署分析及人工智慧能力的公司確實獲得較好的事業績效，這是一個令人鼓舞的發現。

我們的研究追蹤各家公司約四十個重要的事業流程，並檢視這些流程以基本分析作為根據，或是有較精進的人工智慧賦能的程度，也檢視它們的基礎技術、資料基礎設施、分析及人工智慧能力的部署情形，最後，我們也評估資訊技術架構和資料基礎設施。我們把個別發現匯編成一個人工智慧成熟度指數。

我們研究的對象是製造業及服務業的公司，員工數中位數是六千人，營收中位數是三十四億美元，這些代表性的公司包括製造業、消費性包裝商品業、金融服務業及零售業。我們編製的人工智慧成熟度指數結果應該被解讀為「資料分析、進階分析及人工智慧等能力」的一個總指標。

我們發現，這些公司之間存在重要差異。這個樣本中的底層公司使用傳統、不成熟的方法，我們看到資料資產分散於許多組織封閉塔內，往往嵌入於Excel試算表中。反觀這樣本中前二五%的最高層公司就相當進步，把內部及外部資料蒐集到一個整合的資料平台上，並利用人工智慧和機器學習來進行重要的營運自動化，並獲取商業洞察。

人工智慧賦能營運模式的益處

我們的研究顯示，人工智慧成熟度領先的公司因為對種種商業功能做出資料與分析的投資而獲得相當多的好處。我們發現，資料被用來把決策自動化，也被用來提供對市場動態、顧客、公司營運、員工能力及產品與服務性能的全方位了解，進而幫助公司做出複雜決策。

下文提供一些更詳細的說明。人工智慧成熟度領先的組織會匯總資料，對它們的事業得出單一版本的事實。此外，這些名列前茅的企業在它們的系統中使用商業情報工具和分析模型，發展出量身打造的顧客體驗，降低流失顧客的風險，預期到設備的失靈，即時的對種種流程決策賦能。這些領先的公司也使用資料來更加了解市場，贏得新顧客，優化廣告成效。從顧客生命週期蒐集而得的資料幫助這些企業做出有根據的明智決策，為顧客提供量身打造的產品、服務及體驗，減少支援問題，這一切全都是使用在所有通路與接觸點取得對顧客的三百六十度觀點。

表現最佳的公司也在工程、製造及營運等領域使用資料與分析，其中許多公司匯總來自產品發展生命週期和供應鏈的資訊，它們經常根據資訊，以自動化模式來採取行動。

表5-1　人工智慧成熟度指數領先者與落後者的財務績效

	落後者（墊底的25%企業）	領先者（最佳的25%企業）
三年平均毛利	37%	55%
三年平均稅前盈餘	11%	16%
三年平均淨收益	7%	11%

它們分析資料，以了解影響營運效率與產品品質的因素，預期設備或作業的停機時間，驅動遞送作業的流程合規定與做出改善。

愈來愈多優秀的公司使用物聯網技術，讓它們的產品與服務加裝連網感應器，蒐集器材與產品使用情況的遙測資料。這些資料讓它們得以優化製造及服務作業，改變它們向顧客遞送價值的方式，也改變它們向顧客攫取價值的方式。

最優秀的公司建立先進的資料平台，以支援所有這些能力。這些易於取得的資料被敏捷團隊用來快速部署應用，提升事業績效及反應力，或改善顧客體驗。此外，這些公司使用資料來產生預測與建議，幫助種種支援性功能，例如優化事業策略，自動化研擬員工個人發展計畫等等。表5-1比較人工智慧成熟度指數領先者與落後者的財務績效，從這些比較可以看出投資在人工智慧能力對公司財務績效的影響。

營運模式轉型階段

我們的研究顯示，表現最好的公司往往會高度投資於開發資料、分析及人工智慧能力，其中許多公司推動營運模式的改變，輔以顯著的文化變革，以充分了解及擁抱人工智慧帶來的機會與挑戰。下文探討這些改變的歷時演進。

成為先進的人工智慧工廠顯然需要經歷一個循序發展的歷程：從資料封閉塔，到先導試驗，到資料中樞，到人工智慧工廠，參見圖5-1。

組織通常從第一階段開始：資料存在各個封閉塔內。在先導試驗階段（第二階段）開始之前，我們鮮少看出資料存在各個封閉塔內造成的阻礙，因為在沒有推行重大的組織與文化變革之下，仍然可以根據資料分析來做決策的價值，通常大多由外面的服務商及顧問來展示。

但是，在到達資料中樞階段（第三階段）時，組織必須重新架構，才能從許多封閉塔匯集資料，使用及分析匯總的資料，以辨識出全公司的機會。此時就需要做出相當大的投資，組織也在此時開始了解到它需要變革。不意外的，我們也在此時目睹組織的抗拒。

最重要、而且往往最富挑戰性的部分是，採用一個明確、單一的事實源頭來指引與市

圖 5-1　轉型為數位型營運模式的四個階段

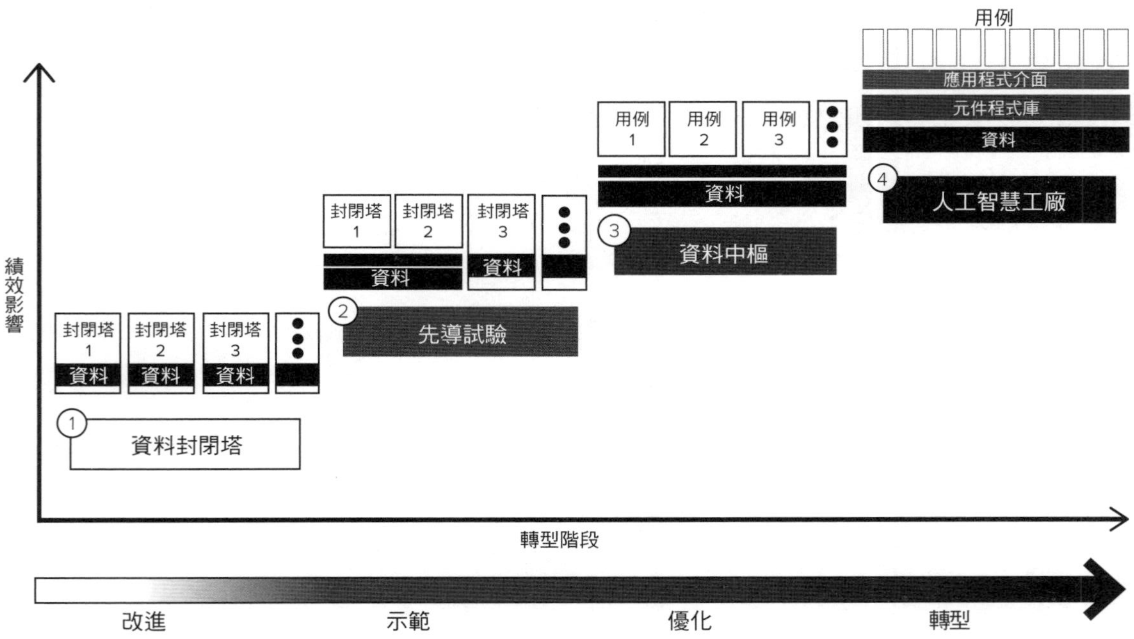

場機會、訂價、規劃及營運優化相關的決策。為了採行一致的資料與分析方法，最常見的相關做法是建立一個中央化、專門做資料科學與分析的組織，經常以軸輻模式（hub-and-spoke）來部署應用、產品及策略事業單位。雖然，個別功能與產品單位必然會要求一些彈性去採用獨特能力與方法，但資料科學團隊務必有能力把組織連結至個別團隊／單位，以帶回洞察及必要改變，首要的是，保持資料資產（以及隱私與安全性）的中央化。

從資料中樞到人工智慧工廠（第四階段），需要另一回合的重大投資，不過，到了此時，應該已經推動完成大部分的重新架構工作。到達第四階段的公司已經為人工智慧發展出一個標準的營運模式，除了資料中央化、強大的演算法、可以重複使用的軟體元件，營運模式也應該包含強調明確的政策與治理，處理從隱私到偏見的種種課題。這個階段包含密集的跨專業能力建立活動，從一個資料與分析導向公司轉型成一個真正的人工智慧工廠，這是一種持續在全組織建立人工智慧技巧與能力的旅程，絕非只涉及工程部組織，人人都應該了解通往顧客及社會的主要途徑的構成要素。

下文以富達投資的轉型演進歷程，說明我們獲得的這些觀察。

富達投資的轉型歷程

當Google（以及後來的微軟）宣布它將成為一家「人工智慧優先」的公司時，一些人注意到了，最注意的人當中包括富達投資公司負責領導中央化資料、洞察及分析團隊的執行副總梅亞（Vipin Mayar）。當時，富達投資的董事會主席暨執行長強生（Abby Johnson）看出必須在該公司更深度融入人工智慧的重要性。

二〇一一年時，梅亞負責領導一個新設立的人工智慧卓越中心，這個中心推動富達投資高階領導團隊督導的行動計畫之中的許多專案。為了推展這個中心的工作，梅亞召集由事業單位及部門組成的小團隊會議，以得出一張重要人工智慧行動計畫及目標清單，梅亞如此回憶：「不乏人工智慧的應用及商業範例，很顯然，我們必須建立一些重要的能力。」[8]富達把應用人工智慧視為每個事業面向的必要作為，認為公司顯然必須預期未來的需求，把人工智慧策略視為優先要務。

富達已經準備行動，它需要招募一流的資料科學家，把招募工作擴大至那些嚮往科技公司或矽谷的人才，「我們的使用案例、文化及資料對這類人才是一大吸引力，現在，我們已經建立了一支世界級團隊，」梅亞說：「這對我們董事長艾比（Abby Johnson）來說是視為優先的重要事項，也對我們幫助很大。」此外公司認為，當務之急在於鼓勵團隊開發一種新技能：聚焦於資料及人工智慧的產品管理，這些專家們以銳利的目光跨部門尋找分析能夠產生的事業影響，領導敏捷團隊做辨識及部署新應用的工作。

團隊現在可以擴展其資料與演算法工廠，建立人工智慧，使之成為富達的一項核心能力。該公司於二〇一二年開始研擬一個整合的資料策略，投資於把策略性分析資料資產中央化，首先匯總對顧客的三百六十度觀點，把這些資料儲存在一個安全穩固的地點，讓富達的分析工作者易於存取。該團隊建立起自己的分析軟體棧（software stack），為富達的軟體開發者和資料科學家提供工具，以快速打造、訓練及部署機器學習模型。

富達的資料平台追蹤及整合超過三千六百萬名使用者的個人檔案、互動及數位化語音電話內容，然後探勘這些資料，以提供相關的顧客洞察，改善後的富達服務產生更為整合的端對端體驗，為客戶提供更多價值。

或許，比技術變革更為重要的是組織與文化變革，朝向採行更敏捷的方法，讓富達這麼大規模的公司具有小公司的敏捷力和決策速度。在這些令人羨慕的整合資料資產之上，組織學習打破傳統的封閉塔，以敏捷團隊的形式在快速部署新的應用上共同合作。團隊用兩週的時間做敏捷軟體開發（scrums），開發應用程式以追蹤顧客滿意度、顧客流失情形等常見問題，估計風險情形，開發先進的投資建議系統。他們在富達的實驗平台上一再測試每一種新應用，確定新的應用能可靠運作之後才實際部署。在此同時，梅亞推動全面教育，讓數百名事業領導人學習基本的演算法及上課，在全公司更深廣的建立這項能力。

富達為其人工智慧轉型行動訂定三個優先要務。第一個優先要務是顧客體驗，富達做出相當大的人工智慧投資，以更加了解顧客的喜好，推薦更有成效、高度個人化的投資策略。其次，富達的人工智慧投資聚焦在營收成長，尋找機會去優化既有的營運流程，使公司更能擴大規模，創造在各項業務中增加服務的新機會。最後，富達推出的一些計畫旨在產生重要的事業洞察，例如研擬更好的投資策略，或是了解顧客打客服電話的理由。

富達團隊現在在多個事業線推動愈來愈以資料及人工智慧為中心的營運模式，致力於賦能從投資資產組合分析到客服的廣泛流程。我們在這家公司看到，隨著更多的工作被轉移給軟體和演算法處理，種種傳統限制造成的不利影響在降低。雖然，富達要完全去除人際互動活動還是不太可能的事，該公司的投資顧問仍然是業務營運中很重要的一環，但人工智慧在改善公司的業績及遞送卓越的顧客體驗方面扮演愈來愈重要的角色。伴隨這些情況的演進，我們也看到該公司更明顯投資於治理上，推動跨部門、有關於人工智慧使用及影響、網路安全性及隱私的政策。梅亞告訴我們：「人工智慧使我們的事業的所有層面變得更好。」

這樣的情形並非只發生於富達，我們撰寫此書之際，包括歷史較悠久、更傳統型的公司在內，許多公司正在積極推動營運模式轉型，許多行動呈現出前景，建立新能力，改善績效，帶來廣泛的新商機。新類型的人工智慧賦能公司正在起飛，這其中不僅有微軟和Google之類的科技公司，還有最有能力的傳統型企業。這些公司現在需要的是以新方式看待它們的策略。

部署數位型營運模式後，新機會開始浮現，公司面臨全面的、廣泛的形塑其商業模式的策略選擇。但是，由於數位轉型重塑經濟，產業之間的傳統分界消失，出現新的競爭優勢源頭，企業必須用新的視角來評估這些策略選擇。現在，公司可以連結至種種經濟網絡，驅動網路效應帶來的新價值，體驗來自資料及學習效應的收穫。我們已經探討過營運模式轉型的挑戰，接下來，我們要探討營運模式轉型帶來的策略及商業模式轉型的含義。

第六章

新時代的策略

一九九〇年代末期，物理學家巴拉巴西（Albert-László Barabási）及其同事分析全球資訊網的結構，他們觀察到，網路節點之間的連結數不停的歷經演進與成長。他們也觀察到，當網路中一小部分節點的連結變得更多，像是樞紐一般，會使得這些節點變得比起其他節點更重要。換言之，網路循著「偏好依附」（preferential attachment）原理：愈多連結的節點會吸引更多的新連結，於是，它們變得更加重要，對新連結更具吸引力。[1]

本書作者顏西提在《楔石優勢》（*The Keystone Advantage*）中把數位連結產生的商業網絡拿來與網路類比，並指出一些公司（這些公司被稱為楔石、平台公司、超級明星公司、或樞紐公司）將比其他公司有更多的連結，而且更強大。[2]雖然這本書的預測基本上是正確的，但作者當時並不知道網路承載與傳輸的資訊透過分析與人工智慧處理資料下，將會把這個力量擴增到多大的程度。

人工智慧與網路的策略性動能是攜手並進、相輔相成的。當數位型公司和傳統型公司之間的衝撞導致產業轉變，當愈來愈多企業邁向數位轉型，經濟結構也改變成一個全包、由人工智慧驅動的巨大網路，這個巨大網路由許多次網路構成，這些次網路包括社群網路、供應鏈網路、行動應用程式網路等等。

這些網路至少有五個共通點：一、它們由網路節點之間的數位連結構成。二、它們夾帶與傳輸資料。三、它們由愈來愈強大的軟體演算法形塑。四、它們漠視傳統的產業分界。五、它們對我們的經濟與社會體系愈來愈重要。

競爭優勢愈來愈取決於形塑與控管這些網路及收割它們執行的交易量與種類的能力，因此，競爭優勢移向那些在連結的事業中位於最中心點的組織，匯集在其中傳輸的資料，透過強大的分析及人工智慧來萃取價值。從Google到臉書，從騰訊到阿里巴巴，這些網路樞紐匯集資料，建立分析及人工智慧，在各產業中創造、維持及壯大競爭優勢。

儘管如此，現今仍有許多企業忽視網路與資料的動能，聚焦於專門的產業區隔，表現得彷彿它們大體上和經濟體系中的其餘部分無關。當它們遭遇採行數位型營運模式的公司時，這種傳統策略變得沒有成效。

這對於策略具有重要意涵。現在的策略分析不應再繼續聚焦於各有屬性與特性的個別產業，應該改而聚焦於一家跨產業公司，從公司到經濟體系其餘部分創造的連結結構與重要性，以及聚焦於公司連結的那些網路中的資料流。過去，策略是一家公司用以管理其內部資源的方式，如今，策略是管理一家公司的網路及利用流經這些網路的資料的藝術。過去數十年，**產業分析**主導策略，我們相信，**網路分析**將愈來愈形塑未來的策略思考。

本章探討這些新的策略考量，提供如何進行網路分析的指引，這些內容高度取材自我們的哈佛商學院同事、經常和我們合著論述的朱峰的研究心得，他的研究為這個主題提供非常重要的洞察。[3]本章內容依循一個特定的貫穿邏輯，旨在幫助讀者探索一個複雜的論點。

在概述這個論點後，我們從公司向外展望其經濟網路，描繪出一個企業和經濟體系其餘部分之間最重要的互動。接著，我們分析環繞一個企業的每一個網路如何影響價值創造的活動，以及大致上區分開來的價值擷取活動。我們舉一個例子說明如何把價值創造和價值擷取的活動整合起來，對一個既有事業進行系統性分析。最後，我們總結網路分析對於事業策略的重要意涵。

新的策略問題的本質

這是比較複雜的一章，值得我們先花點時間探討新策略問題的本質。本章其餘篇幅將解析這些概念，並舉例說明。

傳統的產業分析聚焦特定的產業區隔，網路分析則是意圖了解跨公司間的開放、分散式連結，每家公司連結至各種產業的大量網路。[4]當公司彼此連結，並且連結至不同的網路時，當公司匯集各種資料流時，公司就聚積了網路效應和學習效應。

網路效應和學習效應是兩個不同的東西[5]，網路效應指的是，網路內部的連結數目增加（例如一個臉書用戶和大量的朋友連結），以及跨網路間的連結數目增加（例如一個臉書用戶能夠連結使用種種開發者的應用程式），價值也隨之增加。學習效應指的是流經相同網路中的資料量增加，價值也隨之增加，例如，資料可能被用來讓人工智慧學習及改善用戶體驗或更好的瞄準廣告客戶。不論是網路效應或學習效應，一般來說，多多益善，不過，在定義增加了多少好處時，就涉及了很多細微的差別。

圖6-1顯示，不同的事業創造的價值是規模的函數，這裡的規模（N）代表各種變數，例如用戶數、這些用戶的活動量、或一個平台上的互補產品／服務的數目。曲線A代表傳

圖6-1　網路與學習效應的價值

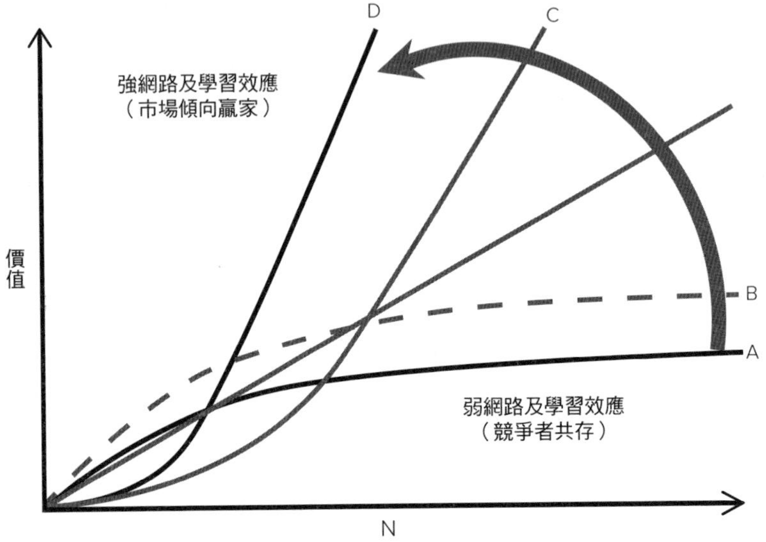

統型企業，呈現規模報酬遞減，對這類企業而言，縱使是小小的網路效應或學習效應，也可以提高遞送的價值，如虛線B所示。較強的網路與學習效應甚至可能帶來規模報酬遞增，如曲線C及D所示。策略性網路分析的大概念就是要找出隨著規模而創造與攫取更高價值的方法，亦即使價值曲線升高，如圖中的箭頭所示。

為了使創造的價值隨著規模擴增而提高（並因此形成競爭優勢），你應該設法從曲線A移向曲線D。通常，傳統型企業呈現明顯的規模不經濟（diseconomy of

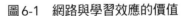

scale），但是，當網路及學習效應對事業的影響增加時，價值曲線的形狀可能改變。通常，一開始，網路還小，資料不多，網路及學習效應還不強，不會創造多少價值，但是，隨著規模增大，創造與攫取的價值就更明顯增加，如曲線B、C及D。網路及學習效應愈強，價值隨著規模擴增而增加的趨勢就更強。很重要的一點是，這個邏輯不僅適用於微軟、臉書、Google之類的典型科技公司，也適用於傳統產業的企業。

我們來看看一個來自醫療保健業的例子。

繪製事業網路

網路分析始於繪製和事業連結最重要的經濟網路，檢視是否存在可以透過人工智慧來獲取益處的有價值資料流與機會。以下介紹一個傳統型公司的例子。

一家知名的製藥業公司最近推出一種專門用來管理帕金森氏症的新藥，為了利用數位網路的力量，該公司決定不要只瞄準傳統通路（透過醫生及醫院），它要透過一個更廣面的疾病管理策略，用一款讓病患居家使用的行動應用程式，延伸公司產品的觸角。該公司將透過這個應用程式進行每日病患問卷調查以及敏捷力和協調力檢測，來追蹤病患的病情。

這個行動應用程式獲取的資訊將被用來管理病患的病情演進並改進治療方法，但除了這個核心應用程式，這些資料以及這個應用程式獲取資料的管道對其他相關服務供應商也有價值，例如製藥公司、保險公司及醫生。此外，這個應用程式也可被用來建立病患之間的連結，以及病患和其他服務供應商之間的連結。

圖6-2說明可以如何把一項傳統型產品或服務導向影響傳統核心應用以外的環境。策略分析應該檢視所有應用的性質與潛力，以發現哪些用途可能構成互補網路，並考慮所有可能的網路互動種類。一個網路創造的內在價值或許可以從這項事業目前容易連結的其他網路中產生與攫取。

許多這類連結可以為公司核心事業（在此例中，這家公司的核心事業是製藥）提供很大的綜效，例如這款應用程式就充分創造出比起以往更多與病患互動的機會，這可以改善新藥的成效，強化顧客群的忠誠度，蒐集有助於各種輔充性資料應用，這些補充性資料的應用又可以增進公司對病患遞送的價值。另一種可能性是為病患提供病患網路，促進病患之間的連結與互動，這也有助於強化關係，因為病患可以從彼此間獲得洞察與慰藉，也分

圖6-2　一款疾病管理應用程式的網路型價值創造

為病患提供醫療以外的
新產品／服務，
強化顧客關係
製藥公司
增進患者對疾病的了解，
強化資訊與患者之間的連結
病患
分析資料以提供
服務及解決方案
研究者
使用平台來推廣及
銷售其他服務給
利害關係人
其他
將資料售與第三方，
作為研究或提供其他服務之用
資料分析
招募病患進行
臨床試驗
保健服務
供應商
改善醫療系統的服務，
以及根據療效來
和付費者接洽
醫生
藉由優化醫療遞送和
減少嚴重的疾病意外，
以降低成本
保險公司
帕金森氏症
管理應用程式

資料來源：楔石策略公司

享他們自身面對會削弱身心疾病的獨到方法。[6]此外，直接和保險公司、醫生及保健服務供應商的網路連結，可以建立一個重要的支援基地，擴增新的資料導向洞察的影響力，因而改善治療的整體成效。各種網路也可以為保險公司或廣告客戶創造賺錢的新機會。隨著機會的增加，價值曲線將更快速的提升，如圖6-1中的箭頭所示。

任何現在可能外掛到各網路上的事業，其價值創造與價值攫取的機會可能倍增，為了了解這些可能性，你首先應該個別分析每一個網路，因為每個網路將有不同的特性與結構，提供不同的學習機會，付費意願不同，競爭程度也不同。不過，分析各種價值網路之外，你也必須分析跨網路的互動及潛在綜效。下文探討這些因素。

關於價值創造的動力

我們分析的起點聚焦在網路結構如何影響價值創造與價值攫取的商業模式動力。我們首先檢視影響價值創造的主要因素，接著分析影響價值攫取的因素，然後總結價值創造與價值攫取的交互作用，再回到帕金森氏症的應用程式，詳細探討這個例子，有系統的分析其學習機會和網路機會。[7]

網路效應

一個數位型營運模式最重要的價值創造動力是其網路效應，網路效應的基本定義是：一個產品或服務的價值或效用隨著使用此產品或服務的用戶數量增加而升高。

為了幫助解釋網路效應，我們回到傳真機年代（一九八〇年代和一九九〇年代）。[8]傳真機的第一個購買者基本上夢想能夠透過一具普通的電話，把文件傳送至世界任何地方，除此之外，最早的傳真機真的別無用處。但是，隨著愈來愈多企業使用傳真機，所有傳真機的價值升高，連結的增加使所有用戶的傳真網路價值升高。同理，一個社群媒體平台或一個網際網路簡訊服務的價值也是用戶數的函數；若臉書上只有你，你會感覺寂寞，但當我們的朋友及同事也加入臉書後，它對我們（及他們）的價值就會提高。

價值隨著用戶數（N）增加而提高的程度究竟有多高，這得視情況而定，這也是個爭議頗多的主題，例如，梅卡菲定律（Metcalfe's Law）說，一個網路的價值是用戶數的平方（N^2）；但有人指出，一個網路中的所有節點價值不一，因此，價值的增加沒那麼大，應該是NLog（N）。還有人認為，一個網路的價值可能是N的線性函數。不論價值曲線的形狀如何，重點是：一個網路的內在效用隨著用戶數的增加而增加。

傳統型產品通常不會創造網路效應，以你隨身攜帶的筆為例，不論有多少人也有一支筆或完全相同的筆，這支筆對你的價值是相同且固定的。若筆的產量增加使得製造成本和價格降低，筆的生產經濟效益可能更好，但這支筆為你做的工作的基本價值對你而言仍然相同。所以，在傳真機這個例子中，每個辦公室裡獨立或連網的影印機並沒有呈現網路效應，但傳真機具有網路效應。不過，最現代的影印機現在內含傳真功能，使它們連結至全球的傳真網路。

一般來說，網路連結愈多，價值愈大；這是創造網路效應的基本機制。創造網路的平台，其最基本的營運模式是促成用戶之間的媒合，攫取網路效應所創造的價值。

網路效應有兩種主要類型：直接與間接。傳真機、簡訊應用程式及社群媒體呈現的是直接的網路效應，意指用戶重視其他用戶的存在。

間接的網路效應是指一個類別的用戶（例如賣方）重視另一類用戶（例如買方）在一個網路中的存在，優步及Airbnb是呈現間接網路效應的兩個例子。優步的乘客喜歡有許多司機提供服務，好讓他們能夠立即召到車；渡假者及租屋者想要他們打算前往的城市有許多短租房源。在這些例子中，間接網路效應是兩面的：優步創造的價值隨著乘客數的增加而提高，乘客數增加將吸引更多司機加入這個平台，這又進而吸引更多的乘客加入，再吸引更多司機加入。YouTube之類的內容平台也一樣，內容創作者期待內容消費者加入，反之亦然。其他例子包括遊戲機平台如微軟Xbox和索尼PlayStation 2，遊戲玩家和遊戲創作者非常重視彼此。

在一些案例中，間接網路效應可能是單面的，亦即只有一方重視另一方的存在。在

Google、百度及臉書上，用戶並不期待廣告客戶的存在，但廣告客戶當然期待可能對它們銷售的產品／服務感興趣的用戶。更確切的說，用戶重視Google或百度的搜尋速度、準確性及搜尋索引的涵蓋情況（順便一提，這些將隨著更高的使用量而改善）；廣告客戶則重視更多用戶的存在，因為隨著搜尋引擎的資訊量與種類增加，資訊將會提高每個廣告的瞄準度。

我們也發現，一種網路效應（不論是直接或間接的網路效應）的出現，可能會用來形成另一種網路效應。舉例而言，雖然，大多數用戶上臉書是為了和朋友及同事互動（這是一種直接網路效應），臉書很快就發現，內容創作者、遊戲供應商及網站登入也想要很容易的通往相同的用戶，而且，這具有互補作用，因此，臉書透過其應用程式介面管道，促成一種兩面的間接網路效應。同理，遊戲機製造商及平台起初是一種雙邊間接的網路效應事業，遊戲玩家重視遊戲，遊戲供應商重視玩家，但是，當遊戲供應商創造出多玩家功能，促成玩家之間的交流時，他們也創造了附加價值：把原本獨立的節點連結起來，產生間接網路效應。

雖然一般而言，網路愈大，價值愈高，但網路規模與價值高低的關係實際上遠遠更為複雜，隨著網路擴大，其價值的提高程度差異甚大。創立一個依賴弱網路效應的事業比較容易，但任何的短期效益較不容易長期支撐與延續。

舉例而言，像網飛這樣的優質內容串流事業可以很快的創造價值與攫取價值，因為它取得及遞送大量的電影及電視節目，但歷經時日，吸引競爭者（例如亞馬遜、蘋果的iTunes、迪士尼等等）走相同的路，而且不會有太明顯的競爭弱勢。儘管，網飛可以和一些內容供應商簽立獨家合約，觀眾沒什麼理由不選擇多於一家的服務。反觀YouTube這種內容創作與遞送者構成的社群就享有更為堅實強大的網路效應，小眾獨立內容創作者沒有什麼誘因去任何其他網站張貼內容。

一個事業若要呈現強網路效應，其遞送的價值必須持續隨著網路規模的擴大而顯著升高。通常，依賴弱網路效應的事業，其特徵是有許多競爭者，而那些形成強網路效應的事業則是競爭者較少，市場集中度較高，因而取得更明顯的競爭優勢。

學習效應

學習效應可以自行創造價值或是使現有的網路效應增加價值。以Google的搜尋事業為例，使用者進行愈多的搜尋，Google的演算法愈能（且愈快）找到共通的搜尋型態，服務就變得愈好，這類學習效應對於搜尋引擎提供的價值很重要。微軟的Being試圖與Google競爭時，選擇和雅虎合作，就是要吸引更多使用者及廣告客戶，擴增其用戶群，以擴大規模。但是，微軟Being很快就認知到，縱使規模擴大了，它的搜尋廣告業務仍然無法和Google競爭，因為它無法受益於相同的學習效應。Google多年來已經使用高流量的資料學習和實驗，這項經驗提供無與倫比的優勢：優化其演算法，不僅對使用者遞送更好的搜尋結果及互動，也為廣告客戶提供更好的營利。

學習效應之所以能夠強化競爭優勢，主要是因為它們仰賴規模。通常，有愈多的資料被用來訓練及優化一套演算法，演算法的產出就愈準確，也可以使用演算法來解決愈加複雜的問題，圖6-3顯示一些演算法如何隨著資料集規模的擴大而改進。隨著營運模式成長，採用許多套演算法（每套演算法需要多樣化、持續更新的大資料集），學習效應將擴大規模及範疇對一家公司創造價值的影響，用戶群愈大，規模愈大，獲得的資料愈多，價值愈大。（當然，這一切的前提假設是公司有正確的營運模式，並且有能力執行正確的演算法。）

資料能夠持續影響競爭優勢的程度，將因為不同的應用而有別，這有幾個原因。第一，多數演算法的準確度隨著資料點數目的平方根上升（至少有一段期間是如此），然

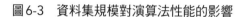

圖6-3　資料集規模對演算法性能的影響

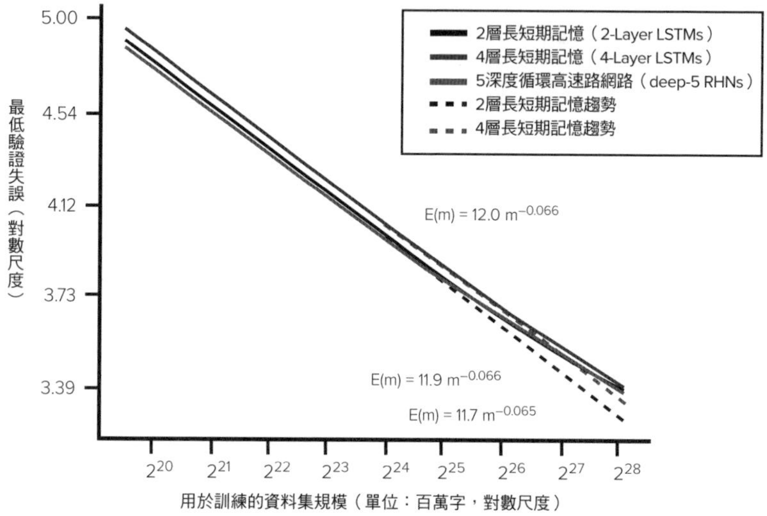

資料愈多，預測失誤明顯降低

資料來源：百度研究

後，當演算法訓練成熟後，其準確度的進步程度就會趨於平緩。這平方根法則是一種近似值，若演算法是獨立作業的話，準確度就不會進步得那麼快，因為蒐集到的多數資料點並不相關。不過，當驅動一個事業的演算法不只一套時，它們的學習效應結合起來的價值就能倍增，以網飛的例子來說，有多套以用戶為中心的演算法和背後管道的演算法同時作業。

影響競爭優勢的其他因素包括使用的演算法種類，以及需要的資料獨特性與規模。對於一套較簡單的演算法（例如用以辨識貓與狗圖像差異的演算法）來說，需要的訓練資料集的規模將有限，用以訓練這套演算法的資料可能廣泛可得，因此，一個專門辨識區別貓與狗的事業就不太可能發展出可長可久的競爭優勢。

另一方面，一套辨識特殊腫瘤的演算法可能就具有更大的競爭優勢，因為這套系統需要更多且更獨特的資料。一個更為極端的例子是涉及無人駕駛車技術的演算法，它們種類不一而且複雜，它們可能需要大量的即時地圖與交通資料，因此，一個自動駕駛車事業將形成更多的護城河與障礙來抵抗競爭者。

學習及網路效應能夠相輔相成，一般來說，一個網路愈大（亦即其連結數量愈多），連結的價值愈高，資料流量愈大，人工智慧及整體學習的機會愈多。一個網路中的任何一個連結可以成為一個有用的資料源，這些資料可被用於學習，訓練演算法，擴大網路效應帶來的任何優勢。

群聚

網路的結構也會影響網路的價值如何隨著其規模而增加。以Airbnb及優步來說，

Airbnb基本上提供的是一種全球性服務，而優步的網路則是高度環繞著特定市區而群集。

在和朱峰、康乃狄克大學學者李欣欣（Xinxin Li，音譯）及哈佛商學院的瓦拉威（Ehsan Valavi）共同合作的一項研究計畫中，我們以優步和Airbnb為範例，試圖了解網路群聚如何影響網路型商業模式的持續力，我們發現，群聚（clustering）的影響相當大。旅客並不關心他們家鄉城市的Airbnb房東數量，他們關心的是他們想造訪的城市的Airbnb房東數量，因此，Airbnb的網路是全球性網路（global network），任何想認真的與Airbnb競爭的挑戰者將必須以全球規模進入這個市場。這個挑戰者必須建立全球性品牌知名度，在夠多數量的城市吸引夠多數量的旅客及房東，以建立一個流動市場，許多的競標者、供應者及參與者能夠以低成本進出這市場。因此，進入住屋共享市場的成本很高，事實上，Airbnb只有一個具有規模的成功競爭者，那就是以不同的商業模式進入市場的HomeAway/Vrbo。

通常，全球性網路更加集中的圍繞著少數量的重要樞紐，進入市場障礙通常較高，主導市場的企業較容易維持獲利能力。〔萬豪酒店（Marriott）決定和Airbnb及HomeAway直接競爭，其做法可以對在位者如何制定與執行一個網路效應策略提供洞察。〕

不同於Airbnb的網路，優步的網路環繞著個別都市地點，高度群聚，參見圖6-4。一個波士頓社區的司機們只關心這個社區的乘客數量，這個社區的乘客們關心的是這個社區的

圖 6-4 地方性網路（左圖）和全球性網路（右圖）的差別

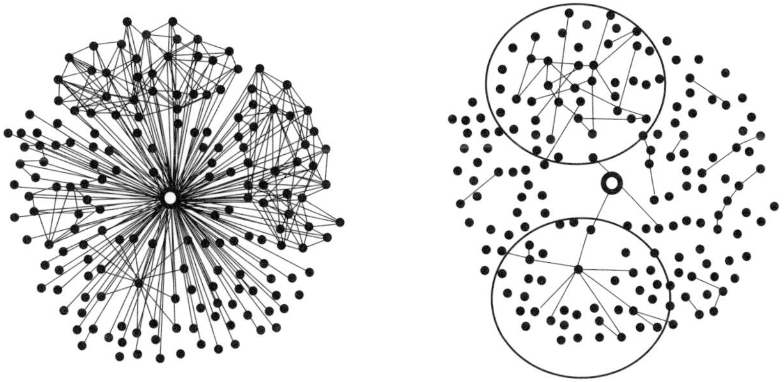

司機數量。此外，除了少數經常出行的人，波士頓的乘客不太關心其他都市（例如舊金山）的司機與乘客的數量。

這意味的是，優步全球上百萬司機的整體規模並不怎麼影響它能夠在地方上遞送的價值，因此，一個網路愈是分裂成地方群聚，規模及網路效應的影響性愈小，挑戰者愈容易進入市場。因此，群聚型網路（clustered network）通常高度競爭（而且，縱使具有地方性的強網路效應，為服務地方性群聚而需要的規模影響程度也有限），凡是具有地方性規模的競爭者，都能做到相似程度的效率。

這種群聚型網路結構使規模較小的競爭者易於在一個地方性網路（local network）中達到能夠產生群聚效應的臨界數量，透過差異化的供給或較低價格，使事業起飛。事實上，優步除了面對來福車（Lyft）這個全國性競爭者，也在各大城市面臨一些地方性競爭者，例如，在紐約，它面臨來自Gett、Juno、Via、以及計程車公司的強力競爭。同樣的，中國最大的共乘公司滴滴出行把優步逐出中國市場之後，也開始面臨來自地方競爭者的挑戰，這些公司擔心被共乘平台變得商品化。

群聚型網路不限於共享汽車業，在酷朋（Groupon）之類的團購網站和Grubhub之類的食物外送平台也可以觀察到相似的結構。此外，群聚現象並非總是地理性質，在許多醫療網路中，病患圍繞著疾病種類（例如糖尿病或特定種類的癌症）而群聚；運動網路圍繞著團隊（例如球隊）而群聚。在這些案例中，涉及的公司易於遭到競爭攻擊，任何擅長於一個特定群聚、地區、或專業的集中專注型競爭者將可以嘗試一個事業。通常，群聚型網路不會浮現全球性樞紐。

群聚現象適用於資料與人工智慧的價值以及網路結構，例如，在波士頓蒐集到的資料對於舊金山或巴黎的優步乘客體驗沒有太大幫助，地區差異性通常限制跨地區匯總資料的價值。

網路與學習效應的演進

最後，因為網路持續變化，網路與學習效應的強度和結構，而且可能會隨時間而變化，變化可能增強抑或削弱價值創造曲線，使市場競爭程度增大或減弱。微軟視窗提供一個較有趣的例子，在個人電腦全盛期的一九九〇年代，個人電腦使用的應用程式大多是客戶型，意指它們實際存在個人電腦上，這決定了視窗開發者的地方性網路，他們開發的應用程式與視窗連結，驅動個人電腦的很多價值。在巔峰的一九九〇年代後期，約有六百萬個專門的開發者只為視窗撰寫應用程式，視窗穩固的成為一個制霸的平台。

此時，經濟學家指出，以視窗為基礎的網路效應很強，這是一個正確的論點，因為一個富有競爭力的平台價值高度仰賴集合相當數量的專門開發者。此外，為DOS視窗撰寫的應用程式與蘋果作業系統不相容（甚至在DEC Alpha之類非英特爾處理器上也無法使用），這使得應用程式開發者難以在非微軟的平台上工作。微軟的技術性鎖定，創造一個巨大的進入障礙。

不過，隨著網際網路使用的爆炸性成長，以及網際網路型應用程式與服務的起飛，相關的商業網路改變了，多數重要的功能從個人電腦應用程式轉向網路型及行動應用程式，這類應用程式是開放型，且通常可用於不同的作業系統。不意外的，我們在個人電腦和平板電腦上看到安卓、Chrome及iOS作業系統，甚至看到麥金塔（Mac）個人電腦的復活，尤其是在高階市場，二〇〇〇年代中期，麥金塔的出貨量增加超過五倍。當一個網路效應的強度降低時，受影響的市場就變得較不集中了。

關於攫取價值的動力

近年來，由於數位網路可以很容易的連結各種類型的使用者及事業，價值攫取的選擇大大增加。[9]一個事業想使價值攫取行為優化，可能是件滿傷神費力的事，需要仰仗經濟分析、策略思考、以及技術能力，數位價值攫取技術可以讓公司做仔細的計算使用量、開發根據產品存貨情形而做出反應的先進訂價演算法、甚至是研發出以產出為根據的訂價模型。

不過，縱使有最先進的訂價方法，也無法攫取使用者為網站創造的所有價值。任何一個數位商業網路的價值專享性（appropriability of value，亦即攫取價值的能力）是許多重要考量的函數，例如是否存在競爭的解決方案，顧客付錢的意願等等。當有幾個選擇時，例如做一個多邊平台事業或是網路樞紐，你可以調整訂價策略，向競爭程度最小、付費意願最高的那一邊或網路收費，例如，搜尋引擎不向終端使用者收費，而是向廣告客戶收費，為廣告客戶提供獨享機會，以接觸到那些點擊特定搜尋詞的使用者，通常，這個搜尋詞代表搜尋者有一個商業需求，因此，接觸點擊這個搜尋詞的人是有價值的。

這裡的重點在於認知到網路效應開啟新型態的價值攫取選擇。以一個有直接網路效應的系統為例，有些公司可能會發現，讓顧客可以進入這個網路，這是為顧客創造了價值，因此可以向顧客索取費用，例如Xbox和PlayStation 2讓玩家可以每月支付訂閱費，使用它們的平台，直接和其他玩家連結，享受多玩家的遊戲。

那些有兩邊間接網路效應的公司，在價值攫取方面有較多選擇，因為它們可以找到多種途徑去分別向每一邊收費（視每一邊的付費意願而定），讓它們提供的服務業務賺錢。舉例而言，螞蟻集團可以透過多種方式，從消費者及商家那裡賺錢；Airbnb針對每一次的租房，向租客及房東收費；阿里巴巴及亞馬遜已經發現，比起向商家收取交易手續費，向商家收取的廣告費已經漸漸變成更優渥的財源。

多歸屬

影響價值攫取的首要力量是多歸屬（multihoming），多歸屬專指一個網路中的用戶或服務供應商可以同時和多個平台或樞紐公司（所謂的「宿主」）建立關係的情況，當存在多個互相競爭的平台或樞紐可供用戶或服務供應商選擇時，自然會影響到這些平台或樞紐的攫取價值能力。若一個網路樞紐面臨來自另一個以相似方式連結至一個網路樞紐的競爭，那麼，第一個網路樞紐從網路中攫取價值的能力將受到挑戰，尤其是若轉換成本夠低，而使得用戶易於改用別的網路樞紐的話。

競爭者愈多或競爭愈激烈，一個網路樞紐能夠攫取的價值就愈低。例如，許多智慧型手機應用程式開發者會在iOS和安卓作業系統等多個平台上，這使得這些平台難以在開發者這一邊的市場上賺錢。但是，儘管開發者這方的多歸屬情形相當普遍，大多數消費者卻只使用iOS或安卓手機，而且持續在好幾代手機都採行這種單歸屬行為，這使得蘋果及安卓能夠在消費者這一邊的市場上取得可觀的獲利。

當一個平台的每一邊都存在普遍的多歸屬情況時，這個平台就幾乎不可能從事業中賺錢。例如，在叫車產業，許多司機及乘客自利的使用多個平台，乘客可以比較各平台的價格及等候時間，司機可以減少他們的閒置時間。不意外的，優步、來福車、以及其他的競爭者不斷的削價競爭乘客與司機。

Airbnb也在其平台的兩邊經歷嚴重的多歸屬情形，因為其他的住屋共享網站也提出相似的價值主張，房東可以很容易、沒什麼阻礙的同時在多個網站（例如HomeAway及Vrbo）上張貼相同的物業，儘管，每一個網站的收費結構及模式可能有所不同。另一方面，租客可以搜尋所有提供相似服務的網站，檢視出租的物業。因此，多歸屬阻礙共享汽車及住屋共享服務的獲利能力。

既有的平台業主可以嘗試透過鎖定一邊市場（或甚至鎖定兩邊市場），以減少多歸屬的情形。例如，優步讓司機可以選擇以平價貸款方案向合作的汽車公司租賃車子，這種安排可以把司機鎖定在只使用優步這個平台，因為司機必須服務足夠數量的優步乘客，以維持他們的貸款資格。優步及來福車也分別對在平台上載客里程數很高的司機提供優惠價，以鼓勵司機變成只使用它們的平台。此外，這兩家公司還採行一個做法：若下一個叫車者的上車地點很接近目前正在行進中的乘客下車地點，就把這位叫車者指派給這位司機，以減少司機的閒置時間，並且降低司機使用其他平台的誘因。這兩個平台也對乘客推出根據使用率的獎勵方案，以提高乘客對平台的忠誠度，減少多歸屬情形。

Airbnb採行類似的方法，而且更為成功。例如，它向使用者提供獨家工具及優點，這不僅提高遞送的價值，也提高使用者轉換平台的成本。不過，由於使用多平台的成本低，多歸屬仍然是普遍現象，平台的獲利能力因而受限。

公司已經開發出其他方法，試圖避免多歸屬的情況。例如，微軟及索尼之類的遊戲機製造商和遊戲發行商簽署獨家合約，在玩家這一邊，遊戲機的高價格及它們的附帶訂閱服務，例如Xbox Live及PlayStation Plus，降低玩家多歸屬的誘因。同理，亞馬遜為第三方賣家提供物流服務，當賣家的訂單不是來自亞馬遜市集的話，就對它們索取較高的物流費用，以鼓勵它們只在亞馬遜的平台上銷售。該公司也推出付費訂閱服務Amazon Prime，這些會員可以享受大多數商品兩天內免費送達的服務，這有助於留住顧客，並降低他們多歸屬的傾向。

去中介

去中介（disintermediation）指的是一個網路中的節點可以輕易繞過公司，直接彼此連結，這對於公司的攫取價值構成一大問題。以幾年前已經停業的家政服務市集Homejoy為例，在完成服務供應者和家庭客戶之間的初次媒合後，顧客就沒什麼誘因繼續透過這個平台來找服務供應者了（他們可以私下洽談交易），於是，去中介變得很普遍，Homejoy根據交易來攫取價值的模式注定失敗，這個中介服務最終關閉。

這是一個很常見的問題，尤其是對那些只在網路參與者之間提供一種連結的市集，例如Homejoy和TaskRabbit，在達成第一次連結後，大部分、甚至全部價值已經遞送了之後，就很難讓用戶繼續付錢使用這個網路樞紐。

網路樞紐使用種種機制來遏制去中介（不論成效好壞），包括服務條款要求用戶在平台上進行所有交易，或是至少直到確認付款前防止用戶交換合約資訊，例如，Airbnb保留房東的完整地址及他們的合約資訊，直到房客完成付款。不過，這類策略並非總是有效，使樞紐變得使用起來更不便利的任何舉措，都可能使它更容易遭到提供更便捷體驗的競爭者強力的挑戰，在此例中，Airbnb是靠規模優勢來抵禦競爭。

遏制去中介一種更體面的方法是，提高用戶透過樞紐進行交易的價值。樞紐可以透過種種方法來促進交易，包括提供保險、支付託管、或通訊工具；化解爭議；或是監督交易。不過，在建立用戶彼此間的強烈信任之後，這類服務對用戶的價值可能就降低了。

哈佛商學院博士班學生葛蕾絲・吳（Grace Wu）及朱峰研究分析一個線上自由業市

場，以了解信任與去中介之間的關係。他們發現，隨著樞紐改善其信譽制度的正確性，強化了客戶和自由接案者之間的信任度後，確實發生更多去中介的情況，導致從較佳的媒合案例賺得的收入減少了。用戶與服務供應商之間建立了信任之後，支付託管及化解爭議之類的服務就不再有價值了，對平台的需求也降低。

減少去中介的一種更有效的方法是降低交易費用，去市場的其他地方彌補收入。創建於二〇〇五年的中國外包服務媒合平台豬八戒網（ZBJ）的商業模式是公司索取二〇%的佣金，但它估計，由於去中介的情況，它喪失高達九〇%的收入。二〇一四年時，該公司發現，大量的新企業業主使用這個網站來找人幫忙設計標誌，通常，這些企業客戶接下來的工作需求是事業及商標註冊，豬八戒網開始提供這些服務。

認知到這些商機後，公司開始提供補充性服務。現在，在中國，豬八戒網是商標註冊服務的最大供應商，這項服務為公司創造每年超過十億美元的營收。豬八戒網已經大大降低其交易收費，聚焦在壯大用戶群，而不是對抗去中介，目前，豬八戒網的市值估計已超過二十億美元。[10]若去中介對事業構成威脅，提供補充性服務的效益可能優於收取交易費用。

網路橋接

多歸屬及去中介對網路型事業的獲利能力構成威脅，反觀網路橋接（network bridging）則可以改善、甚至拯救一家公司的商業模式。網路橋接指的是在原本不相連的經濟網路之間建立新連結，利用更有利的競爭動態及不同的付費意願達到雙贏。當網路參與者連結至多個網路後，他們可以改善創造價值與攫取價值的能力，因此，完成網路橋接就可以創造綜效。

Google搜尋是一個經典例子。若Google直接向使用者收費（例如按每筆搜尋收取費用），使用者就會大大減少使用，因此，Google把搜尋業務和願意付費接觸Google搜尋使用者的廣告客戶網路橋接起來，媒合使用者的搜尋意圖和相關廣告。支付系統是另一個經典例子，傳統上，支付系統一直不是很賺錢的業務，但光是接觸用戶及小型企業所蒐集到的資料，就已經能為公司帶來很高價值。

值得強調的一點是，資料類資產通常可以適用在許多不同情境及多個網路，成功創造群聚效應的公司便可利用這樣的資產，不斷橋接至新的網路並從各網路中攫取價值。這就是亞馬遜、阿里巴巴之類的樞紐型公司能夠進軍許多不同市場的主要原因。

阿里巴巴利用其支付網路支付寶，成功的把電子商務平台淘寶和天貓橋接至金融服務。阿里巴巴利用來自淘寶和天貓的交易及用戶資料，透過其金融服務事業螞蟻集團推出新服務，包括根據交易資料的商家與消費者來評分的信用制度。透過信用制度，螞蟻集團可以向消費者及商家授予短期貸款，違約率很低；這些貸款讓消費者可以在阿里巴巴的電子商務平台上購買更多產品，並讓商家獲得資金進貨更多商品。

這些網路相互強化彼此的市場地位，也幫助支撐彼此的規模。事實上，縱使競爭者騰訊推出微信支付（內建於社群網路應用程式微信中的支付功能），支付寶依然相當受到顧客青睞，部分原是它和阿里巴巴的其他服務緊密橋接。當最成功的網路樞紐跨越連結許多市場時，它們能夠更有效的驅動連結原先未連結的產業。

策略性網路分析

前面幾節的討論可能增強或減弱網路中的價值創造與攫取價值的因素，接下來，我們綜合這些因素的含義，把它們萃取成一個一貫的方法，對事業連結的多網路進行策略性網路分析。我們使用優步作為例子。

畫出網路關係

策略性網路分析的第一步是列出一個事業連結的重要網路，例如，優步主要與乘客網路及司機網路連結，較次要的網路是與食物供應商連結，提供Uber Eats服務。此外，優步在二〇一八年三月推出Uber Health，與醫療服務供應者連結，讓診所、醫院、復健中心及其他的醫療機構能夠為病患預訂接送服務。Uber Health是優步和各種組織合作以增加價值創造與價值攫取機會所做的幾項努力之一，例如，雜貨遞送也是它開拓的一個領域。

圖6-5呈現出和優步的營運模式連結的許多網路，隨著優步尋找更多的價值攫取機會，這類網路的數目可能會增加，我們已經看到這家公司嘗試UberKITTENS（使用者付費給優步，遞送貓到府相處一段短時間），甚至還有優步遞送冰淇淋的服務。

圖6-5　與優步的核心業務連結的各種網路

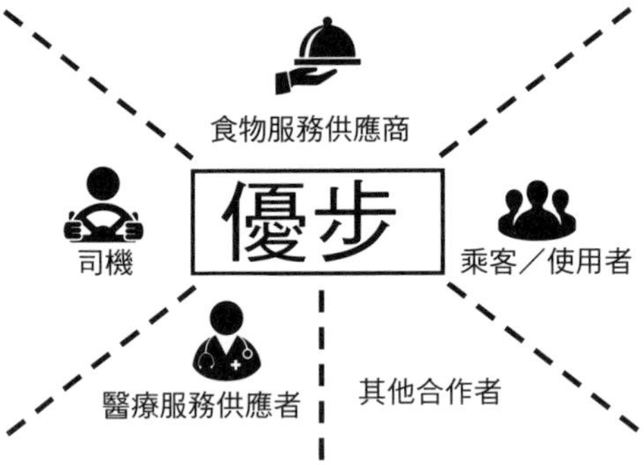

影響網路價值創造與價值擷取的因素

第二步是評估事業連結的每個重要網路規模化的創造與擷取價值的潛力，表6-1列出會增強或減弱價值創造與價值擷取的網路資產清單。

總體來看，優步的處境是困難的，下文逐一討論這份清單中的項目。

優步的主要事業不具有直接網路效應。因為對一位乘客而言，若其他乘客也搭優步，並不會為他帶來任何價值（同理，司機不會從其他司機的存在中獲得任何價值）；甚至還可能為他帶來負面影響，因為附近地區存在愈多乘客，乘客要獲得搭載的競爭程度愈大，這時優步的服務品質就會下降。（UberPool是例外的情形，見後文的更詳細討論。）

優步網路的地區性群聚現象進一步削弱網路效

表6-1　評估優步的策略性網路

增強價值創造與價值擷取	減弱價值創造與價值擷取
• 強網路效應	• 弱網路效應
• 強學習效應	• 弱學習效應
• 與其他網路的強綜效	• 沒有與其他網路的綜效
• 不存在大的網路群聚	• 存在大的網路群聚
• 不存在多歸屬現象（或只有單邊存在多歸屬現象）	• 存在普遍的多歸屬現象
• 不存在去中介	• 存在普遍的去中介
• 大量的網路橋接商機	• 沒有網路橋接商機

應。達到臨界數量的乘客與司機是很重要的條件，但必須是每一個地區都要達到臨界數量，舊金山地區有高密度的司機，對底特律地區的用戶並無幫助。這意味著，在一個地區已具有規模的任何其他服務都可能對優步構成競爭。也就是說，優步的核心服務事業獲利能力，將會不斷受到低成本競爭者的挑戰。

優步有重要的學習效應，它的事業受益於累積和分析它蒐集到的大量資料，學習效應幫助它根據交通狀況及其他因素來調整費率，預測供需以確保它能提供很好的服務品質，並進行其他有用的分析，以優化服務所創造出的價值。我們目前仍然無法得知，這些學習效應是否大到足以保障公司持續獲利。

但是，優步的叫車應用程式遭受來自乘客網路與司機網路嚴重的多歸屬問題，很大比例的乘客與司機使用不只一種叫車應用程式，而且經常查看各種應用程式，以確保他們使用最經濟的方式獲取服務。

對優步而言，去中介並不是普遍的問題，有部分是因為該公司採取許多措施來提高其服務對乘客與司機的黏著度及便利性，另外有部分則是因為該公司對不遵守規定的司機祭出高懲罰威脅。

重點是，群聚和去中介現象在優步的核心服務地區為該公司開啟激烈的競爭之門，這些服務的獲利能力沒有保障。缺乏巨大的學習效應之下，在可預見的未來，優步的核心事業恐怕會繼續不賺錢。

不過，儘管核心事業受到挑戰，優步在可以和司機與乘客網路相連結的許多網路中倒是顯現了前景，優步的未來獲利能力有賴於它把高度忠誠的乘客和司機橋接至愈來愈多其他種類的網路。這些網路正開始提供各種其他的價值攫取選擇，有可能增進公司的長期獲利能力與生存能力。

畫出優步的商機

如圖6-6所示，優步核心事業的內在價值帶來種種的橋接商機。一般來說，只要存在內

圖6-6　畫出優步的價值創造與價值攫取機會

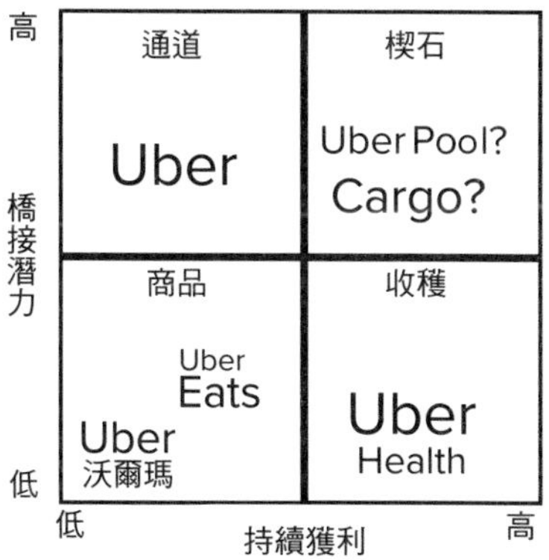

在價值，優步就應該能夠找到途徑去橋接而賺到一些錢，優步的核心服務應該促成其他的價值創造活動，尤其是作為其他網路的一個管道，藉此攫取價值。

其中一類橋接機會是把司機網路與其他商業網路連結，雜貨遞送、Uber Eats、Uber Health，這些全都是這種網路橋接商機的例子。優步的司機網路因此和各種其他的業者連結，其中一些是不那麼地方性的業者，例如沃爾瑪或凱薩醫療集團（Kaiser Health），其目的是建立更持久的全球性連結，使優步有別於那些靠著網路群聚和多歸屬現象而在地方上激烈競爭的其他服務供應商。這些機會是否有利可圖呢？這顯然取決於優步能夠和這些業者簽署的交易性質。雜貨遞送服務相當競爭，因為存在其他的替代選擇，優步和沃爾瑪的合作嘗試已經暫停，因為績效數字看起來不佳，而Uber Health的前景似乎較佳。

Uber Eats是另一個有趣的選擇，它涉及和地方性與全球性餐廳業者建立新的連結網路。這雖然提供再一次的嘗試，但這個策略並不能確保持續的獲利，因為它面臨激烈競爭和地方性群聚現象的挑戰。很顯然，Uber Eats在一些地區是賺錢的，但總的來說是不賺錢的。

其他值得注意的商機包括UberPool，以及和貨運媒合系統公司（Cargo Systems）的合作。UberPool是多人共乘以創造更高經濟效益的一種服務，它的網路效應遠大於普通的優步搭載服務，事實上，UberPool為優步傳統的間接網路效應業務添加了直接網路效應，這麼一來，優步的乘客愈多，乘客帶來的價值愈大。一旦UberPool達到相當規模，競爭者就較不可能提供相似的服務了，因為規模較小的服務供應商能夠隨機找到兩個上車地接近、下車也接近的乘客機會極小。不幸的是，在優步的目前規模下，能夠隨機找到上車地與下車地都接近的共乘乘客機會仍小，因此，UberPool仍然承受獲利能力及不滿意度的問題。不過，若UberPool可以達到相當規模的話，或可具備楔石優勢，獲利可觀的同時，也享有與傳統優步搭載服務的橋接潛力。

另一個機會是和貨運媒合系統公司（Cargo Systems）合作，後者是連續創業家、社交遊戲服務供應商星佳（Zynga）及技術支援服務供應商Support.com的創辦人平克斯（Mark Pincus）所創立，把司機網路連結至各種零售商，讓司機可以在載客的同時，向乘客（在路途上，乘客已然是受制的聽眾）銷售產品。貨運媒合系統公司的廣告中聲稱，司機可以因此每月多賺數百美元，這對司機（以及優步）是相當不錯的獲利，可以對優步的獲利帶來重大貢獻。

優步的內在價值可觀，提供很多的橋接機會，但作為一家上市公司，想達到穩定的市值，將需要做出相當的努力，或許，公司也需要抱持更審慎謙遜的期望。

研擬策略時應該思考的一些疑問

接下來，我們把我們的論述總結成一些疑問，這些是創業者及公司主管在研擬策略及設想事業能夠在網路中創造價值與攫取價值的機會時應該思考的疑問。我們用本章開頭時談到的帕金森氏症行動應用程式作為例子。

Q：核心服務遞送什麼？

跟多數傳統的策略分析一樣，最佳起始點是回歸思考自己事業創造價值的最基本方式。若你創建的是一家人工智慧新創公司，你的公司把什麼流程數位化及使用人工智慧來賦能？若你創建的是一個先進事業，這個事業最基本的價值主張是什麼？以帕金森氏症的應用程式為例，核心價值是透過蒐集這個疾病每日的進展變化資料，改善其治療成效。

Q：提供這項服務的重要網路是什麼，有何特性？它們具有強大的學習或網路效應嗎？它們有群聚現象嗎？

下一步是有條理的評估事業連結的核心網路特性。帕金森氏症應用程式連結的最重要網路是病患網路，其中最重要的動力是學習效應，因為這個應用程式蒐集到的病患資料應該要非常有助於以過去不可能做到的方式來仔細監視疾病的變化與進展。蒐集實用資料的途徑很多，包括讓病患接受基本的協調性測驗，簡單的每日調查等等。基於這種疾病的複雜性，以及它的許多罕見形式，疾病特徵的分布圖尾巴很長，大量資料的實用性潛力很高，因此，學習效應強，對這個應用程式是好消息，也是壞消息。壞消息是，將需要許多的部署，爾後，資料才會真正有助益。好消息是，在達到臨界數量之後，這個應用程式應該能夠維持明顯的競爭優勢。

Q：若網路及學習效應弱，你要如何隨時間經過強化它們？你要如何提高遞送的價值？

伴隨事業成長，你應該考慮透過驅動更多的學習及網路效應來提高創造價值的潛力。這個帕金森氏症應用程式已經具有強學習效應，但歷經時日，可以透過提供更多功能以促進明顯的網路效應，進而增強學習效應。舉例而言，若這個應用程式增加功能來鼓勵參與者之間的互動，將能產生顯著的交流，包括對抗疾病的相互支持、指導、與建議，這些直接的網路效應可以進一步維持這個應用程式的競爭優勢。

Q：若具有強網路效應，但直到達到臨界數量之前，沒有什麼價值，你打算如何達到臨界數量？

這是一個典型的「雞生蛋，蛋生雞」問題，凡是仰賴強網路與學習效應的公司，都需要一個方法去啟動它的事業，直到獲得足以產生學習及網路效應的規模。帕金森氏症的應用程式亦然，它目前的規模仍然太小，不足以產生夠強的學習與網路效應。

為啟動成長，我們可以嘗試幾種戰術。我們可以在應用程式中灌入內容，以吸引使用者。我們可以提供治療建議及最佳實務，甚至投資在提供線上支援客服，回答治療相關問題。我們也可以把體驗遊戲化，使應用程式變得更有趣，更吸引人。舉例而言，派樂騰的應用程式利用臉書網路，把熱愛者集合起來，形成熱愛他們的派樂騰體驗的社群。

最重要的次要網路有哪些？它們能否促成更多的網路或學習效應？

了解核心網路的基本特性後，接下來應該檢視事業，分析許多次要網路的特性。以帕金森氏症的應用程式為例，有幾個網路值得關注，最值得關注的大概是醫生網路，因為醫生可以大大受惠於病患的疾病變化資料，以及和病患互動的另一個管道。這個應用程式甚至可以建立功能，幫助醫生或其他醫護人員對病患提供更多的指導與建議。這些服務將可為這個應用程式增加顯著的間接網路效應，進一步改善其競爭地位和事業的延續力。還有一些值得關注的其他網路，例如研究人員和保險業者可受益於病患的資料，藥房可以使用病患的資料來幫助開立處方及調整處方。

Q：是否會面臨網路群聚、多歸屬、或去中介的挑戰？

接下來，稍加深入探討事業聚焦的網路特性。帕金森氏症應用程式事業本質上圍繞著帕金森氏症病患而群聚，因此規模受限，不過當這個應用程式外掛到其他相關網路上時，可以對病患提供日常價值。網路參與者的投入程度可能很高，似乎不太可能出現去中介及多歸屬現象，因為價值來自於和相關網路的整合。伴隨應用程式逐漸累積起愈來愈多的病患資料，甚至可能加上醫生的參與，多歸屬及去中介的可能性將更低。

Q：最佳的價值擷取機會是什麼？

想認真思考評估價值的擷取，你首先必須了解涉及的網路特性。我們已經檢視過和帕金森氏症應用程式連結的各種網路的特性，看出可以為病患、醫生、研究人員及保險業者創造的顯著價值，但是，若未達臨界數量，這個應用程式能創造的價值將有限，這是因為需要達到臨界數量，才能產生學習及網路效應。這意味的是，這個應用程式事業採行的策略應該別對使用的病患或醫生收費，因為我們必須盡一切努力去鼓勵他們採用及互動。

但是，這個應用程式還有許多賺錢途徑。其一是提供免費使用，但對已經有數十億美元收益的製藥業者而言，因為應用程式獲得的品牌行銷與曝光效益收取費用，只要這些品牌行銷與曝光為它們提高夠明顯的收益，它們就會欣然願意付費。我們也可以考慮有效且巧妙的設計、瞄準式廣告、醫生推薦、保險補助、匿名化資料販售等等的賺錢機會。總的來說，這個應用程式可以成為一個相當不錯的事業，為帕金森氏症的治療與管理帶來高價值。

Q：有網路橋接機會嗎？考慮你能從核心網路蒐集到的資料，這些資料是否對別的網路有價值？

最後，應該思考這個事業可以橋接哪些原本不相連的網路，增加價值創造或價值擷取的機會。帕金森氏症應用程式的聖杯將是超越疾病類別，但各類別疾病網路具有高度群聚性，連結點很少。在這個應用程式已經在帕金森氏症的治療領域很穩固且成功後，保險業者可以要求在不同的環境下採用類似的應用程式，或甚至拿這個應用程式作為一個通路。此外，也可以把醫生及其他保健服務提供者橋接至其他疾病網路。

本章探討在數位網路支配、且由資料與人工智慧驅動的時代，一些較重要的策略研擬方法。下一章將探討這些論點更廣泛的策略含義，檢視在經濟體系中各種產業裡觀察到的競爭變化態勢。

第七章 策略性衝撞

有誰能趕得上手機之王嗎？

——《富比世》雜誌以諾基亞為封面故事的報導

二〇〇七年十一月十二日（iPhone問市半年後）

我們在第六章探討把公司營運模式數位化後，可以如何透過策略性網路分析，改變公司創造價值與攫取價值的方式。本章將進一步檢視為大家熟知的經典案例，探討當採行數位型營運模式的公司和傳統型公司相互競爭、發生衝撞時，將可能發生的狀況。

當一家採行數位型營運模式的公司瞄準一家向來採取傳統型營運模式的公司時，就會發生衝撞（collision），參見圖7-1。由於數位型公司營運模式的規模、範疇及學習動力與

圖 7-1　數位型公司和傳統型公司之間的衝撞

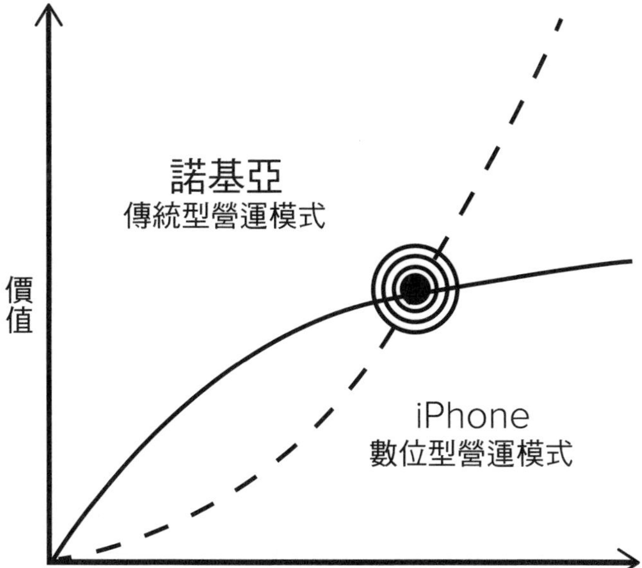

傳統型公司不同，發生衝撞可能徹底改變產業，重塑競爭優勢的性質。

數位型營運模式產生的經濟價值可能得經過好些時間，才能近似傳統型營運模式產生的經濟價值，這也是安身於傳統型模式的主管起初難以相信數位型模式將能趕上他們的原因。但是，數位型營運模式的規模一旦超越臨界數量後，遞送的價值可能相當大，使得採行數位型營運模式的公司可以輕易的凌駕傳統型公司。我們的整個經濟愈來愈能感受到這種衝撞的連動性。

以全球旅遊業為例，Airbnb衝撞萬豪酒店和希爾頓飯店（Hilton）之類的旅館公司，Airbnb服務的對象和這些旅館公司服務的對象相似，但Airbnb採行完全不同的營運模式。舉例來說，萬豪及希爾頓本身經營眾多物業，有數萬名員工分布於各組織，全心投入在創造顧客體驗；而相較於萬豪及希爾頓，Airbnb則是一個人力精實的組織，主要的工作是集中在一個虛擬的人工智慧工廠，主要以蒐集資料、運用精心打造的演算法來媒合用戶，來推送到它的物業業主網站與社群。萬豪及希爾頓兩者都是一個群體與品牌的群聚，分別有自己的封閉塔式事業單位與部門，它們使用自己的資訊技術、蒐集的資料，並擁有自己的組織架構；而Airbnb的精實敏捷組織座落於它的整合資料平台之上，能蒐集顧客及流程資訊，探勘分析所獲得的洞察，不斷且快速進行實驗，有效產生預測性模型以提供重要的決策參考。

Airbnb累積網路與學習效應，快速驅動規模、範疇及學習；萬豪酒店的成長及反應力受限於它的傳統營運模式限制。不到十年的時間，Airbnb就已經擴大規模到供應超過四百五十萬間客房，比萬豪酒店在其百年歷史中建立起的住房數量多出三倍。

跟亞馬遜的供應鏈或螞蟻集團的信用評分流程一樣，Airbnb把人力資源從營運模式的核心移到周邊，甚至把人力資源移到邊界（房東）。Airbnb持續探勘資料以取得新顧客，辨識新的旅客需求，同時優化顧客體驗，分析風險程度，這些舉動又使公司蒐集到更多旅客和房東的資料。它使用人工智慧和機器學習以獲得新洞察，並經常透過日常實驗來確認這些洞察是否正確。不僅如此，Airbnb也快速擴張業務範疇到提供種類廣泛的服務體驗，內容囊括音樂會到飛行課程等等，這驅動了新的網路效應與學習效應，使創造價值與攫取價值的機會倍增。

動搖全球旅遊業市場的數位型公司並非只有Airbnb，另一股強大的力量是Booking Holdings，它旗下的品牌如Booking.com、Kayak.com、Priceline.com等，緊追在Airbnb之後，在超過十五萬個城市建立起三千萬個住房掛牌。跟Airbnb一樣，Booking Holdings的架構是採行一個以軟體與資料為中心的營運模式，在不受限於傳統營運限制之下，擴大規模、範疇及學習。跟Airbnb一樣，Booking Holdings面臨最重大的成長瓶頸並不是在公司內，而是在公司外，那就是要確保客戶旅行訂單量與正向的住房體驗的增長。至今Booking的市值已經是萬豪酒店的兩倍。

全球旅遊業的轉型變化就在我們眼前展開，在短短幾年間，Airbnb和Booking已經大大增加旅遊住房銷售數量，晉升產業領導地位，並增加提供給消費者的搭配銷售服務。在此同時，市場集中度也在提高，購併活動興盛。

萬豪酒店對此變化態勢做出反應，和喜達屋酒店集團（Starwood）合併，旨在整合忠誠方案及相關的資料資產，以產生及利用綜效。為了和時間賽跑，萬豪酒店正致力於加快合併後的整合營運，並重新架構其營運模式，以求提升競爭力，對抗Airbnb及Booking的資料驅動成長機器。由此可見，傳統型與數位型旅館業正處於激烈的衝撞期。

衝撞的競爭動力

數位型與傳統型旅遊業公司之間的衝撞顯示，當不同類型的營運模式把遞送價值流程中一些最重要的作業予以數位化，以新方式滿足傳統用戶的需求時，將發生什麼情形。市場需求很近似，旅客需要住房及體驗，但不同於傳統型連鎖旅館，Airbnb及Booking建立系統以滿足這些需求，但並不依賴龐大的傳統型組織、大量的旅館經理與銷售人員及繁瑣的營運流程。

Airbnb及Booking實際上就是在旅遊業中加入一個軟體層（software layer），我們可以把它想成一套旅遊作業系統，若說萬豪酒店是旅遊業中的ＩＢＭ主機型電腦公司，那麼，Airbnb及Booking就像微軟視窗，它們把傳統的營運瓶頸外推至組織外，去除它們的規模、範疇及學習潛力的限制。

跟電腦作業系統公司一樣，Booking和Airbnb之類的數位型營運公司利用網路與學習效應，擴增它們創造的價值。網路效應對它們的營運模式很重要，更多的旅客住房需求將吸引更多旅館及民宿業者在線上供應住房，住房供給愈多，就可能會有更多的旅客前來這些線上平台訂房。

學習效應進一步擴增遞送的價值，因為蒐集到的資料會訓練機器學習演算法去辨識型態，並用來改進營運決策。舉例來說，Airbnb及Booking.com蒐集與累積用戶行為的種種資料，像是蒐集某用戶點擊、徘徊、或滑鼠移動等內容種類，演算法會使用這些資料來挑選及排序呈現在用戶應用程式畫面上的內容。隨著應用程式累積種種資料，學習分析可以擴大網路效應的影響力，因為機器學習分析被訓練去增進用戶的投入互動程度。[1]資料愈多，優化工作就愈精進，用戶和內容的互動就愈多。

旅遊業的例子再一次顯示人工智慧及學習與網路效應可以如何相輔相成的以一連串的自我強化迴路，為一個數位型營運模式建立起快速成長的價值主張。當營運模式發展出更多連結時，它也發展出更多生成資料與累積資料的機會，生成的資料愈多，組織能夠提供的服務愈好，第三方前來連結的誘因愈大。提供的服務愈好，將吸引更多的用戶，用戶愈多，資料愈多，依此類推，形成良性循環，提高學習終將與網路效應的影響力。一般來說，網路愈大，生成的資料愈多，訓練出的演算法愈好，演算好愈佳，因為規模及範疇而遞送的價值的增加得愈多。

這些網路效應與學習效應的自我強化迴路對競爭性質造成很大的影響。隨著組織的成長，傳統型營運模式遞送的價值變得飽和而停滯，這種狀況隱含的事實是，傳統型營運模式往往容許競爭，新進者威脅到在位者，這是因為規模優勢雖然顯著，但並非堅不可摧。新公司縱使規模較小，也可以透過提供有趣、創新的解決方案而具有競爭力，例如一間鄉野旅館搶走一間萬豪渡假區旅館的訂房客。但是，隨著網路效應與學習效應驅動更多的價值遞送，傳統限制全程，遞送的價值將繼續增加，價值遞送速度也可能加快。若網路效應及學習效應強，若多歸屬及去中介現象少，競爭替代選擇的存活力降低，那麼市場就會趨向集中化。

伴隨數位型營運模式遞送的價值增加，留給規模、範疇及學習成效較小的競爭者的空間將繼續縮小，使得傳統型公司難以維持具有獲利能力的業務。雖然，旅館業公司將繼續存在，它們的獲利將移至「作業系統」層級。新型、以人工智慧驅動的「旅遊體驗作業系統」模式的巨大規模化能力正在改變競爭動力，迫使萬豪、希爾頓、凱悅（Hyatt）及其他的傳統型業者為生存而戰。

未來十年，我們將看到價值達數兆美元的全球旅遊市場出現壯觀的控制爭奪戰，想更加了解這場戰爭及許多類似的衝撞可能如何演進，讓我們再看看傳統及數位型手機業者之間的衝撞史，這個故事是舊聞了，但當我們用新的透鏡來分析時，應該可以提供一些有趣的洞察。

經典案例

諾基亞創立於一八六五年，起初是一家造紙廠，最終演變為行動通訊業的世界翹楚。二〇〇七年十一月，《富比世》雜誌以封面故事報導諾基亞的產業領導地位，僅僅五年後，該公司就徹底瓦解。後來，諾基亞的行動電話事業以七十億美元出售給微軟，這個價格還不及其二〇〇七年市值的十分之一，幾年後，再以僅僅幾億美元的價格轉售。諾基亞從產業龍頭地位，墜落至無足輕重的谷底。[2]

一家看似一切事情都做對的公司，怎麼會淪落到這種境地？卓越的產品創新、設計及實用性，現今我們仍在手機上使用的性能，例如從觸控螢幕介面到最早的行動網際網路瀏覽器，多數都是諾基亞當年推出的新發明。諾基亞的設計曾贏得無數外型與實用性獎項，它的行銷組織在堅定聚焦於使用者體驗方面做到了無人能出其右的水準，它的製造流程以高品質、低成本及高營業利潤率聞名於世。從許多面向來看，諾基亞都是典型的產品公司。

諾基亞的架構與所有大型的傳統型產品公司相似：封閉塔式，廣布各地區、獨立且多事業單位結構，有專門的產品團隊，在世界各地設有多個研發中心。諾基亞同時進行數百項研發計畫，在十幾個大地區推出幾千種產品，它的產品開發團隊優化整合硬體及軟體性能以迎合特定的顧客需求，創造出優異的設計，並且有垂直整合的製造流程及專門且反應敏捷的供應鏈來支持其產品策略。諾基亞推出各種差異化的款式與設計，每一種款式與設計都是針對一個不同地區或市場區隔，這更加提高它的競爭優勢。除此之外，該公司也大力投資在技術能力、專利、品牌與行銷上。

但是，就如同一般產品公司常做的，為了優化每一款產品，針對每個市場與組織的需求與環境背景而量身打造，諾基亞犧牲了數位一致性。儘管諾基亞大力投資在Symbian作業系統，但這套作業系統只是該公司採用的幾種作業系統當中的一種，縱使在同樣採用Symbian作業系統的產品當中，每一款手機的軟體也是微調成不同的使用者介面設計、尺寸規格、或顧客特性。此外，開發者介面不穩定，欠缺一致性，也未以同理心做到易於使用，這一切使得開發者試圖為諾基亞的廣泛款式及各種作業系統版本開發應用程式時，非常傷神，任何一款應用程式必須手動的為每一款諾基亞產品重新設計。因此，不意外的，當諾基亞在二〇〇八年開張應用程式商店Ovi時，這個市集從未能吸引應用程式開發者，從未能提供達到臨界數量的應用程式。

諾基亞的營運方式就像任何一家優異的產品公司，為了產出精準瞄準顧客的差異化產品而優化，其結果是，它無法獲得一個標準數位基礎所帶來的規模效益，無法獲得一個成功的平台生態系所帶來的範疇效益，無法獲得一個一致的資料架構或實驗平台所帶來的學習效益。

然後，二〇〇七年，蘋果的iOS作業系統問市，很快的，Google的安卓系統也問市。這兩種作業系統的手機不是在傳統封閉塔式獨立的產品事業單位內打造的，而是在一個軟體版本、單一一致的數位基礎上打造的。雖然可以像一支手機般運作，並且在性能上媲美諾基亞，但iPhone和iOS的組合體現了一個單一的數位平台，蘋果公司很快就提供一個簡練且一致的應用程式介面，這種做法與自一九八〇年代起構思個人電腦時的方式非常相似。安卓系統很快跟進，也開放其架構，促成許多的智慧型手機原廠委託代工製造商（OEMs）。

相較於諾基亞手機，iOS及安卓手機吸引不斷擴展的第三方應用程式開發者及服務供應商生態系，補充了手機內建的核心功能。不同於諾基亞各自為政的產品線，iOS和安卓平台的一致性，促成應用程式開發者大網路的形成，激發強烈的開發者興奮，良性的強化迴路作用強大：iPhone及安卓手機應用程式愈多，用戶的投入程度愈高；用戶投入程度愈高，交易量愈大，流向開發者及廣告客戶的資料量與價值愈大。

開發者網路及廣告客戶網路達到臨界數量後，iOS及安卓系統的價值快速增長，價值曲線變得更陡峭，遞送的價值遠大於試圖服務相同顧客的傳統智慧型手機所遞送的價值。在數百萬款應用程式的推波助瀾之下，iPhone及安卓手機起飛，遠遠拋開諾基亞的傳統型產品導向商業模式（參見圖7-2）。除了諾基亞，包括黑莓機（BlackBerry）、索尼易利信（Sony Ericsson）及摩托羅拉（Motorola）在內的其他競爭者也全都失勢了。

除了取代傳統的產業領導者，智慧型手機產業中的衝撞也大大改變這個產業的結構，幾乎所有利潤都從高度競爭的硬體層轉移至高度集中化的軟體層，透過配套硬體、廣告及應用程式下載費用等等補充性財源來攫取價值。這戰爭還未結束，但目前看起來，最終勝利者可能是現今已被全球超過八五％智慧型手機採用的安卓系統。

諷刺的是，遠在iPhone於二〇〇七年問市之前，諾基亞就發明及推出了我們現今的智慧型手機上具有的許多性能，例如觸控螢幕功能、與手機一體化的照相機、嵌入式搜尋、應用程式及應用程式商店。事實上，在節節敗退於iOS及安卓系統的整個期間，諾基亞把營收的八％至一五％投資於研發。但是，iOS及安卓系統架構成以大大不同的方式來創造價值，就如同Airbnb及Booking變成強力吸引旅遊體驗提供者的資料導向磁石，iOS及安卓系統也變成強力吸引應用程式開發者及廣告客戶的磁石。市場傾斜了，諾基亞與競爭性

圖7-2　諾基亞與蘋果的市值曲線

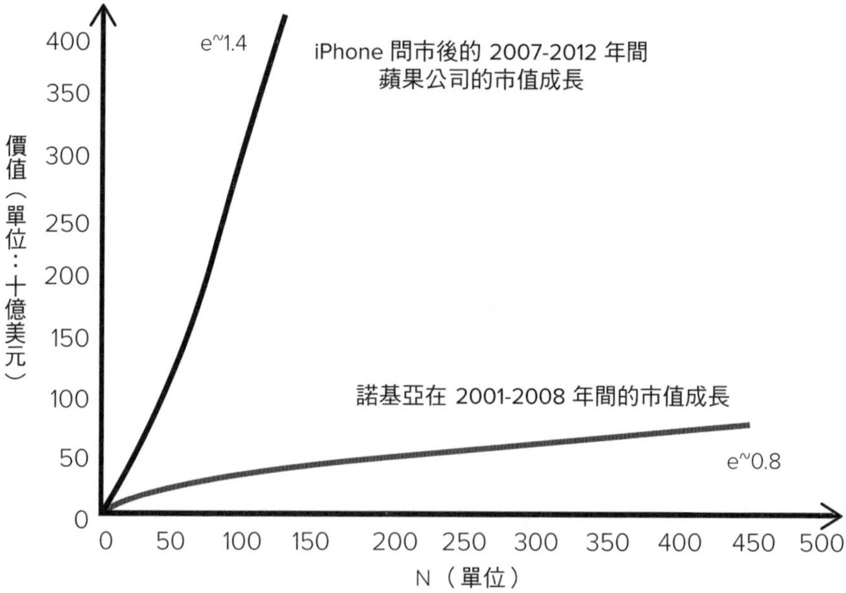

質改變，這一切改變花了不到五年的時間，諾基亞發現，一旦那些數位網路事業達到臨界數量，它們就能快速成長而制霸市場，並改變經濟。

為應付新威脅，諾基亞有兩個選擇。其一，它可以建立自己的數位型營運模式，和安卓及iOS正面競爭，但要這麼做的話，它必須從封閉塔式的產品導向營運架構轉型成用軟體來優化的營運架構：在一個單一、一致的數位框架上標準化，在軟體元件設計、生態系發展及資料整合等方面採行一個標準方法。建造Symbian技術還不夠，需要如同我們在第四及第五章討論的，做出根本上的轉型。

諾基亞的第二個選擇是承認智慧型手機作業系統公司建立的主導地位，聚焦在使自己變成軟體型新進者的最佳配角。基本上，這就是三星公司（Samsung）所做的，它在軟體之戰中承認失敗，改而聚焦於硬體性能與組件。雖然無法接近iOS及安卓攫取的那種價值與獲利能力，但三星存活了下來，而且在某個程度上獲得豐碩的成功，其策略的獨到之處是成為產業中極少數的高品質螢幕顯示器策略性供應商之一，這仍然是一個高獲利且重要的利基市場。至於其餘的智慧型手機硬體原廠代工製造商，那又是另一個不同的故事了，在激烈競爭的市場上，它們的獲利大大縮減，不過儘管艱難，許多公司仍然咬牙苦撐的存活下來。

有趣的是，諾基亞並未朝其中一種選擇發展，這或許可以解釋它的快速崩潰。起初，諾基亞根本就拒絕改變，試圖在其現行營運架構中打造更多產品來應付威脅。可是，縱使這個方法已經很顯然不管用，該公司的執行長艾洛普（Stephen Elop）仍然拒絕承認安卓系統的明顯優勢，而是採用市場占有率已經遠遠落後的視窗行動作業系統。在無法獲得數位規模、範疇及學習效益之下，諾基亞俯衝直下，無力回天。

相同的型態一再重演

智慧型手機的故事在許多產業及領域重演。前文已經談到，Airbnb及Booking對萬豪及希爾頓帶來類似的挑戰。就如同亞馬遜及微軟的雲端電腦運算服務正在取代傳統的軟體及硬體供應商，阿里巴巴及亞馬遜之類的市場平台也正在取代傳統型零售商；網飛、葫蘆（Hulu）、亞馬遜影音平台（Amazon Prime Video）之類的數位型ＯＴＴ（over the top）視聽內容遞送服務正在威脅傳統型付費電視節目供應業者；新的金融科技公司提供以資料為中心的線上金融服務，和傳統型銀行及保險公司相互競爭。在整個經濟體系中，我們看到傳統型公司遭到高度可規模化、資料導向、以軟體為中心的營運模式的衝撞，這些數位型營運模式利用網路、資料及人工智慧來驅動個人化，使用數位網路來和服務供應商連結，以擴展服務種類。在這些每一個產業，伴隨而來的轉變非常大，牽涉到價值創造、價值攫取、與價值遞送，改變競爭動力及市場結構。

讓我們來看看更多的例子，包括過去及現在的例子。

電腦運算

電腦運算產業已經發生一些營運架構之間的衝撞，每一個衝撞都把產業價值鏈的新層面加速數位化。衝擊最大的轉變應該是發生在一九八〇年代，主機型電腦及迷你型電腦業者和個人電腦公司相互衝撞，那是史上首次出現一個有區分開來的模組式作業系統（例如CPM、DOS、以及後來的視窗與Mac OS）的數位平台結構。CPM失寵，但Mac OS在其大部分歷史中都保留一個完整結構（由蘋果公司自行開發與推出其應用程式），而微軟視窗挾其數百款、乃至於後來的數千款應用程式介面及易於使用的微軟視覺工作室（Microsoft Visual Studio）編程工具，成為業界首選的作業系統。

視窗使用數位介面來模組化及分散軟體應用的開發，因而建立起一個強大的生態系，在其巔峰期，有超過六百萬名任職於各種應用程式供應商的開發者為視窗撰寫軟體。這個開發者生態系產生強網路效應，視窗繼續制霸超過十年，鼎盛時期，視窗在個人電腦作業系統的全球市場占有率超過九〇%。就許多方面來看，Google在智慧型手機作業系統領域愈來愈強大的主導地位根本就是當年視窗的翻版，還加上了資料、人工智慧及量身打造的廣告服務業務所創造的巨大收入。

近年，雲端運算已經帶來另一個衝撞，基本上把軟體分發流程數位化。雲端運算為各種電腦運算服務提供一種新的商業及營運模式，用戶可以容易的透過網路去取得彈性的電腦運算能力，按消費取價的電腦運算、儲存及其他應用與服務。雲端運算服務供應商的營運模式完全不同於傳統的軟體作業系統供應商，它靠的是建立龐大的資料中心基礎設備，以有效率的提供服務，而不是在商店銷售軟體或在企業客戶內部部署軟體。

在輸給Linux及其他選擇（主要是開放原始碼軟體）後，微軟東山再起，為了追趕亞馬遜網路服務，它的商業模式及營運模式轉型上已經取得重大進展，成為率先提供為商業應用而優化的雲端服務供應商之一。百思買（Best Buy）和電腦城（Computer City）的商店裡不再販售盒裝軟體，很快的，在企業客戶內部部署視窗伺服器及SQL伺服器之類大產品的情形也將消失，因為如今可以在雲端很容易的隨需數位下載所有軟體。不意外的，產業中的領導地位再一次易主，亞馬遜（主要透過亞馬遜網路服務）及轉型後的微軟現在輪替成為全球價值最高的公司。

由於這個產業發生衝撞情形的歷史已久，業內公司已經變得很善於轉型，經驗是因素之一，另一個重要因素是這個產業的公司營運架構較不若其他傳統產業那般封閉與各自為政。當一家公司架構成一個軟體與資料平台公司後，它就比較容易轉型去採用新一代的技術。

零售業

亞馬遜是最早的線上零售商之一，創立於一九九四年，也就是全球資訊網開始興盛之時。早期的零售業電子商務營運模式，例如亞馬遜、drugstore.com、京東商城（JD.com）及Pets.com的營運模式，把購物交易數位化，轉移至線上。歷經時日，線上零售商成長成真正的數位零售平台，亞馬遜推出及擴大它的市集，連結至無數的第三方商家，供應空前規模與範疇的產品種類。如第四章所述，亞馬遜重新架構其營運模式，以匯總資料及分享軟體組件，設計出一個強大、以資料為中心的營運平台，驅動零售體驗的大轉變。

傳統型零售商迎戰第一代線上零售商時，地位十分穩固，因為當時的轉變仍相當有限，在欠缺大量資料與分析，且受限於傳統供應鏈之下，當時的線上零售商無法產生有力的網路效應及學習效應。最終，Pets.com及drugstore.com之類的線上零售商無法在滿足顧客獨特需求方面做得比傳統商店好，在無法個人化之下，能夠在線上供應的廣泛商品難以做出好生意，實體商店的銷售員若訓練有素，可以做得相當有成效。較大的威脅來自亞馬遜重新架構、以資料為中心、以軟體為基礎的營運模式，京東商城和家具電商偉斐（Wayfair）之類的公司也仿效這種營運模式。

零售業的轉型並非只是把交易活動轉移至線上，而是需要一個徹底不同的營運方法，以資料及人工智慧為中心，對顧客獲得一致的了解，設法把零售體驗個人化，不僅僅線上零售體驗，還有線下零售體驗，例如，亞馬遜收購全食超市（Whole Foods Market）。零售供應鏈變成以軟體為中心，人力不再是部署於流程的核心，而是部署於周邊（例如把貨架上形狀有異的產品取下來），這移除了傳統瓶頸與規模限制。

到了二〇一〇年代後期，零售業的顛覆力盡出，包括玩具反斗城（Toys "R" Us）、體育用品權威（Sports Authority）、九西時尚店（Nine West）、布魯克史東（Brookstone）在內，各種類別的傳統型零售商紛紛不支倒地。

零售業提供的一個重要洞察是，把一個事業放到線上，未必能夠扳倒一個傳統產業巨人，重點在於有一個以軟體及資料為中心的營運架構。一些線上零售商領悟這個要訣後，零售業才真正轉型。[3]

娛樂業

耐普斯特（Napster）堪稱是第一個使用以資料及軟體為中心的營運模式來成功衝撞娛樂業的組織，它讓人們可以免費在線上數位化及分享他們的音樂，不需要對音樂產業中的各種業者或創作者做出任何尋常的付費。創立於一九九九年的耐普斯特推出音樂共享服務，儘管大受歡迎卻官司纏身，並於二〇〇一年關閉。之後，蘋果音樂（Apple Music）、Spotify及其他平台對傳統型音樂發行公司發起新的衝撞，在美國及世界其他地區改變音樂流傳的商業模式及營運模式。

衝撞現象從音樂領域延伸至影音領域，一九九七年推出的真實網路（RealNetworks）是第一家網際網路串流影音服務公司[4]，到了二〇〇〇年，網際網路上幾乎所有串流影音都是使用真實網路格式。該公司的商業模式靠的是銷售伺服器軟體，但它苦於和微軟及蘋果之類歷史悠久、地位穩固的軟體供應商競爭。

串流服務的真正起飛始於創立於二〇〇五年的YouTube，以及在二〇〇七年左右開始從DVD租片業務轉型為串流服務的網飛。YouTube和網飛對消費者提供更具吸引力的價值主張，以及可以擴大規模的價值攫取模式，例如透過廣告與訂閱，這大致上是仿效音樂串流事業的做法。

不過，網飛與YouTube的營運模式有一個具有重要競爭意涵的明顯差異，那就是YouTube匯集小眾內容創作者，形成一個龐大的社群，積聚重要的網路效應，基本上稱霸它所屬的市場。另一方面，網飛提供的各種影音串流服務來自更為集中化的一群內容創作工作室，這些工作室習慣多歸屬，在各種遞送平台上供應它們的內容。

雖然，網飛的資料與學習優勢很重要，但這些優勢的規模無法與YouTube享有的優勢相比，這使得包括葫蘆及亞馬遜在內的一些公司得以持續推出與網飛競爭的服務。在缺乏強網路效應之下，這些公司試圖透過特殊的工作室關係及垂直整合，取得獨特內容，藉此產生差異化。數位型公司現在擁有龐大的內容製作預算，在多數的全球市場挑戰傳統型業者。

Google、網飛、蘋果及亞馬遜，這一群公司衝撞傳統型有線電視與衛星電視服務供應商，它們提供ＯＴＴ網際網路型影音內容發送平台，這類平台可以快速擴大規模至擁有全球數億的用戶。雖然，這些公司所引發的網路效應各有不同，但它們全都採行以資料為中心的營運競爭模式，驅動廣泛的客製化與個人化，以使每一次的觀看體驗迎合個別用戶的需求。音樂產業及零售業的慘痛經驗起了警醒作用，傳統型媒體公司趕忙做出反應，和內容及網際網路服務供應商合併以啟動轉型，並重新架構成數位核心的營運模式。舉例來說，康卡斯特（Comcast）及迪士尼已經獲得重要的進展，康卡斯發展出X1平台，迪士尼旗下的ＥＳＰＮ推出串流服務。

娛樂業的轉型揭露出幾項有趣的觀察。首先，一個產業中的最早創新者未必總是勝出，例如耐普斯特早已走入歷史。第二，部署一個數位營運模式並不夠，一個衝撞想要威脅到在位者，創新者還需要一個有效的商業模式。此外，在與傳統型公司競爭的同時，數位型公司也彼此競爭，它們可能因此成為專注型競爭者，例如網飛，也可能利用跨業的資產與能力奏效，例如亞馬遜及微軟。最後，勝出者及每個市場的集中程度將取決於規模、範疇及學習的經濟效益。

汽車業

車子變得愈來愈連網及數位化，這種連網與功能性的增強，威脅到汽車公司的傳統型營運模式。這牽涉到與交通行進中的消費者連結的巨大價值，例如上下班通勤，在美國，工作者平均一天花大約一小時的通勤時間，這一小時的時間價值滿高的，光是在美國，一小時的合計總價值高達數千億美元。

為了開發並利用機會，從行動中連網的車子萃取經濟價值，需要一個以資料為中心的數位型營運模式，遞送一個隨需服務的市集或高度瞄準的廣告，內建在車子上，透過螢幕或聲音，傳送給司機與乘客。優步、來福車及滴滴之類的共享汽車服務正開始引導，但最佳機會在自動駕駛系統，當消費者不再需要把注意力放在開車上時，他們會想要娛樂及社交互動，例如把車子變成一支有輪子的大型智慧型手機。因此，不意外的，新舊公司正投入一場價值創造與價值攫取之戰。

Alphabet是隊伍中的領頭者。已經從其行動事業中達到規模化的安卓系統已經可以形塑車輛使用者的行為，為其母公司攫取價值，Google地圖及廣告網路也已經規模化，可以創造瞄準車子所在位置的相關地方性廣告，下一步就是把車子使用者駛向商機。在消費者需求的壓力下，車子製造商已經讓網路樞紐公司可以連結至許多車款的儀表板螢幕，直接把它們的服務融入行車體驗裡。除了這些已經存在的龐大機會，Alphabet旗下的自動駕駛車公司Waymo正在研發一款無人駕駛車作為一個服務事業，有朝一日，這個事業可能賺進數千億美元的營收。

這些改變將使這個產業轉型，隨著趨勢的繼續發展，交通運輸將變得不再那麼關乎擁有汽車與駕駛體驗，而是更關乎車子載送乘客時提供的服務與便利性。當然，一些人仍然想要自己開車，但差異化會降低，多數的車子硬體可能變得愈來愈商品化，一如多數的安卓系統代工產品那樣。

一如我們在其他例子中看到的，汽車業的轉型影響不限於汽車製造商，廣泛的相關產業也會受到波及，包括保險公司、維修服務業者、道路與建設公司、執法單位、基礎設施業者，一連串數位骨牌將繼續被推倒。就連政府也將受到影響，因為許多地方、州及聯邦機構仰賴各種形式的汽車稅收。

從諾基亞的故事可以得出一個啟示：當一個更集中化的軟體層浮現後，汽車製造商的核心事業將變得愈來愈商品化，隨著需求的飽和及車子利用率提高，它們的營收及獲利將降低。伴隨差異化從硬體移向軟體及網路，差異化的力量現在大致上已經不操之於傑出製造商手中了，溢價將顯著下滑。

那麼，傳統的汽車製造商可以做什麼呢？跟諾基亞一樣，它們有兩種選擇：挑戰Alphabet及蘋果之類的樞紐公司，或是與它們合作，成為它們選擇的最佳供應商。這兩種策略都有其挑戰，第一種策略涉及和安卓及iOS之類已經達到相當大規模的系統競爭，並且要包含地圖及廣告平台之類的重要服務。第二種策略涉及在功能性及市場力量移向軟體層之際，阻擋汽車硬體及其組件的商品化。

在傳統型汽車事業顯然朝向商品化地位之際，一些汽車製造商正試圖參與汽車業堆疊中新興的軟體及服務層，事實上，一些汽車製造商正準備改採按次使用收費的車子使用模式，幾家汽車製造商已經收購或入股汽車即服務（car as service）供應商，例如通用汽車投資於來福車，戴姆勒（Daimler）收購car2go。一些汽車製造商也投資於自行研發無人駕駛車，或是和現有的無人駕駛車製造公司合作。重點在於它們能否建立足夠的規模、範疇及學習優勢，以和領先者競爭。

除了投資於數位轉型及實驗新的服務型事業與營運模式，汽車製造商可能也需要仿效數位樞紐公司（digital hub）的做法。為達到具有競爭力所需的規模，往昔激烈競爭的汽車製造商將必須重新架構它們的營運模式，甚至要聯手以聚集足夠的規模。

精準地圖與定位服務公司HERE是一個有趣的例子。HERE根源於早期的線上地圖製造公司之一Navteq，先是在二〇〇七年被諾基亞先收購，再於二〇一五年時被福斯汽車（Volkswagen）、寶馬汽車（BMW）及戴姆勒這三家公司合組的聯盟收購。HERE提供一套先進的工具和應用程式介面，讓第三方開發者開發定位廣告及其他服務，這是傳統型汽車製造商聯手建置一個「同盟」平台的嘗試，這麼一來，HERE消除了一個潛在的競爭瓶頸，反制來自Google及蘋果的明顯威脅。這個德國汽車製造商聯盟可以扮演重要角色，防止汽車業的價值攫取完全倒向既有的數位型公司。

未來十年，汽車業將發生重大變化與轉型，傳統的汽車製造商不應該低估進軍此領域的數位型公司具有的競爭技巧及規模、範疇與學習優勢，這些數位型公司玩過這樣的賽局，顯然了解新型競爭致勝之道。

我們正朝往何處？

我們正目睹新一代的數位型營運模式改變經濟與遞送服務的性質，軟體及以資料與人工智慧為中心的架構移除了傳統的營運限制，促成新一代的跨產業商業模式，這改變了產業的競爭策略，我們已經看到一些傳統市場上浮現更集中、贏家通吃的世界。伴隨整個經濟體系出現更多的衝撞現象，各種產業變得愈來愈透過新的、無所不在的數位結構來彼此連結，整個經濟開始變得像一個圍繞著少數幾個數位超級強權而高度連結的龐大網路。

蘋果、Alphabet、Google、亞馬遜、百度、臉書、微軟、騰訊以及阿里巴巴之類的樞紐公司（hub firms）崛起，包括本書中討論到的許多例子。除了挑戰一些傳統型競爭者，這些樞紐公司的營運模式使它們占據我們的經濟中心地位，廣伸觸角去連結與指揮以往互不相連的產業。在為用戶創造價值的同時，這些公司也攫取一大部分價值，而且攫取的份額持續增加，它們正在形塑我們的共同未來。

除了影響個別市場，樞紐公司也創造與控制重要網路中的重要連結。安卓作業系統形成一個遠超越手機產業之外的競爭瓶頸，它擁有通往其他產品與服務業者想要觸及的數十億消費者的管道。亞馬遜及阿里巴巴的市集把龐大數量的使用者和龐大數量的零售商與製造商連結起來；騰訊的微信即時通訊平台在全球擁有超過十億用戶，為那些提供線上銀行、娛樂、交通運輸及其他服務的企業提供一個重要的客源管道；阿里巴巴以空前規模，把電子商務交易和信用評分、投資管理及貸款等服務連結起來。

這些網路的用戶愈多，就愈加吸引（甚至迫使）企業透過這些網路來供應它們的產品與服務。靠著驅動規模、範疇及學習的遞增報酬，這些數位超級強權可以控制競爭瓶頸，攫取高比例的價值，顛覆全球競爭平衡狀態，如圖7-3所示。如同我們正目睹的，這牽連性將遠遠超過經濟領域。

傳統流程被數位技術取代的速度愈來愈快，快到開始令人感覺像是一種指數型發展。軟體平台的推出，提供一股原始的推動力，但技術變得精進到足以快速超越較簡單的軟體應用，資料、分析及人工智慧的影響才剛開始增強，未來還有很大的發展空間，而且影響可能愈來愈大。

隨著數位技術愈來愈衝擊我們的經濟與社會的各個層面，諾基亞般的命運正威脅著媒體、銀行、汽車、旅遊等種種產業，萬豪及希爾頓之類有著百年歷史的公司正投資於驅動重大轉型，整合種種資料資產，發展分析及人工智慧能力，致力於重新架構它們的傳統型營運模式。

除了形塑領先公司的命運，我們的整個經濟都能感受到這些衝擊的影響，並進而影響到我們的社會與政治體系。隨著原本互不相連的產業愈來愈連結成一個巨大的網路，價值與資訊的集中不僅創造出機會，也帶來新問題，從侵犯消費者隱私，到出現愈來愈多形形

圖7-3　現代經濟的演進

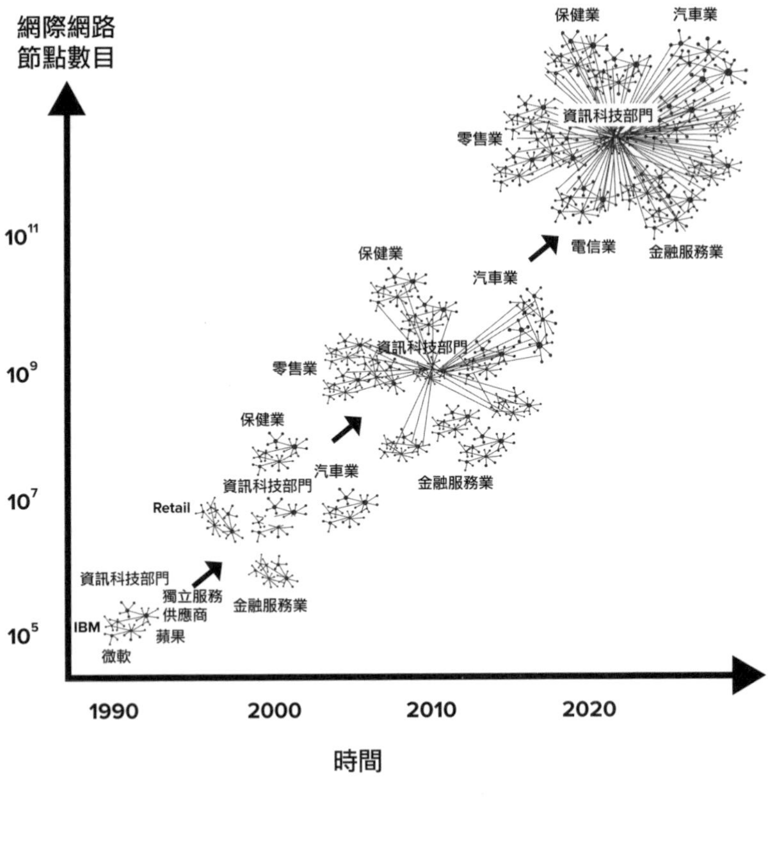
網際網路
節點數目
10¹¹
10⁹
10⁷
10⁵
IBM
微軟
蘋果
資訊科技部門
獨立服務
供應商
Retail
保健業
資訊科技部門
汽車業
金融服務業
保健業
汽車業
資訊科技部門
零售業
金融服務業
保健業
汽車業
資訊科技部門
零售業
電信業
金融服務業
1990
2000
2010
2020
時間

色色的網路威脅，從散播不實訊息，到經濟差距，數位型營運模式的擴張導致種種新威脅誕生。

經理人在思考自身處在愈來愈數位化的經濟所應扮演的角色時，將面臨更加艱巨的困難與挑戰，下一章會討論這其中的一些考量。

第八章

數位型營運模式的倫理課題

如同我曾經在其他場合和你們討論到的，而且，你們也認知到了，驅動你們服務的演算法並無法分辨優質的資訊、錯誤的資訊與誤導的資訊，結果反而導致特別麻煩的公共衛生問題……。

愈來愈多美國人仰賴你們的服務作為他們的主要資訊來源，因此，你們必須認真的負起伴隨而來的責任，尤其是公共衛生與孩童身心健康方面最為重要。謝謝你們願意關注自身肩負的重要角色。

——節錄自美國眾議員、眾議院情報委員會主席　謝安達（Adam Schiff）在二〇一九年二月寫給Google執行長皮采及臉書執行長祖克柏的信函。亞馬遜執行長貝佐斯也收到一封相似的信。

謝安達之所以發送這些信函，是針對當時在亞馬遜、YouTube（隸屬於Google）、臉書及Instagram（隸屬於臉書）等平台流傳的反疫苗接種資訊。他的擔憂絕非杞人憂天：二〇〇〇年當痲疹被認為已在美國絕跡，然而到了二〇一九年四月時，美國卻已出現第二波痲疹案例高峰。[1]不只是美國，歐洲、亞洲、南美洲也都出現類似的不實公共衛生資訊危機，例如中國政府就嚴厲指責百度任由其搜尋引擎廣告功能散播可疑醫療資訊。

很顯然，YouTube、百度之類平台所具有的傳播資訊力量，已經被有心人士拿來當做傳播錯誤資訊的武器和助長偏見的引擎。這使得數位型公司雖然在規模報酬上獲得不斷增長的能力，但是對於範疇及學習遞增報酬上，卻可能造成重大的負面效應。

結果是，數位型營運模式引發新的倫理考量，成為經理人必須面對的課題。新的數位系統的核心學習演算法可能被濫用來量身打造、優化及增強不實且有害的資訊，從製作偏頗且具誤導作用的廣告，到打造高度仿真的假社交人物來向用戶取得個人資訊等等。訓練與增強人工智慧所需要的龐大資料集也容易遭到網路攻擊，威脅到消費者隱私，讓種種敏感性資訊曝露在風險下。

雖然一般認為，企業領導人應該總是考慮到組織對顧客、員工、股東、合作夥伴及營運所在地社區的責任，但是，數位型事業可能傷害到這些利害關係人的倫理課題，無時無刻考驗著傳統的企業倫理框架與指導方針的局限。

我們把這些挑戰區分為五大類：數位擴增力（digital amplification）、演算法偏誤（algorithmic bias）、網路安全性、平台控管、公平與公正性。這些挑戰形成的問題會在各種組織中發生，包括騰訊、塔吉特百貨（Target）、臉書、易速傳真公司（Equifax）等等，特別是那些愈來愈靠資料、分析及人工智慧來驅動與連結至數位網路的企業。

當這些複雜的挑戰因素結合起來時，各種新的倫理課題與挑戰將會倍增，不論是新或舊公司的領導人，都應該警覺他們新部署的數位能力可能以他們從未料想到或甚至想像不到的方式被使用及濫用。

更重要的是，由於本章敘述的這些挑戰可能會影響到所有人，包括經理人、領導人及民眾，因此當危機臨頭時才聲稱不知情、無辜，這樣是不行的。

為了確保我們的組織、政治與社會體系的健全性，我們每一個人必須了解數位型營運模式可能引發的問題性質，我們每一個人必須在這些問題浮現前就即做好採取行動的準備。

數位擴增力

眾議員謝安達發給亞馬遜、臉書及Google的信函，內容針對的是被用來優化觀點、購買、點擊及個人涉入程度很高的演算法，但是，就連根據點擊與獲利來提供獎勵的簡單學習演算法，也可能變得危險。當演算法被強化偏見與其他錯誤思想的內容擁有者所誤用，就可能濫用這個數位工具以找到那些可能受內容影響而強化其觀點的使用者。換句話說，這些運用演算法的企業其營運模式具有強大的規模、範疇及學習潛力，同時意味的是，它們可以把箭靶瞄準數億人，刻意量身打造可能有害的訊息。

舉例來說，來自民間的反疫苗接種運動推動者相信，如果接種有些疫苗會導致嚴重的疾病。這個運動可以遠溯至十八世紀，但近年來，透過社群網路、影音串流網站及廣告瞄準技術更大大擴增它的影響力。根據二〇一七年一項針對使用臉書經驗超過七年半的用戶所做的調查發現，回聲室效應（echo chamber effects）擴增反疫苗接種內容的消費量：用戶只看那些確認他們信念沒錯的貼文，漠視異議資訊，同時會加入強化他們偏見的群組。[2]

影響的程度非常驚人，光是在德州，二〇一八年時至少有五萬七千名學童以非醫療理由退出疫苗接種，這個數字比二〇〇三年時增加了二十倍。[3] 歐洲及美國的的衛生當局官員把過去十年間痲疹及百日咳之類危險疾病的爆發歸咎於反疫苗接種運動。[4]

反疫苗接種運動不是單獨的案例，相同的擴增方法與機制被有系統的用於創造種種回聲室，尤其是在政治、社會及宗教領域。從一些方面來看，這些回聲室與有線電視及電台存在已久的回聲室相似，但傳統型媒體無法輕易達到與數位網路相同的規模。而且，不同於社群網路，傳統型媒體無法即時傳訊，結果呈現一個Google搜尋結果或一則臉書社交廣告的演算法能夠自動的把呈現給一個用戶的資訊予以個人化，以提高此用戶的投入程度。此外，傳統型媒體無法做到零邊際成本的和志同道合者分享內容的那種活躍用戶互動。[5]

數位規模、範疇及學習可以擴大偏見的影響程度，縱使是沒有系統性的意圖去危害或支配觀點，也可能在無意間產生這種擴大效應。我們的同事盧卡（Mike Luca）、愛德曼（Ben Edelman）及史沃斯基（Dan Svirsky）是最早發現這種例子的學者，他們對Airbnb所做的研究發現，比起那些姓名聽起來像歐裔的人，那些姓名聽起來明顯像是非裔的美國人被Airbnb房東接受作為房客的機會降低了一六％。其他學者的後續研究發現，Airbnb房東對姓名聽起來像伊斯蘭教徒的人、殘障人士及LGBTQ人士也有類似的歧視。[6]

類似的偏見也影響金融服務，就連開宗明義的標榜為弱勢群體提供融資機會的微型貸款的平台（例如Kiva），也被發現加劇了偏見。[7]

Airbnb和Kiva並未有計劃性的傳播偏見與促進歧視，然而它們的數位系統卻擴大了房東和先進放款機構的隱性或潛意識偏見。也就是說，這個世界上就算不存在真正的壞蛋，或是他們只占很小的比例，但在數位型營運模式的擴增下，還是有可能傳播偏見與歧視，使得某些群體遭受不公平的對待。

不幸的是，新的倫理層面挑戰並非只有人的偏見、對立及錯誤資訊的加劇，我們還必須把考量延伸到檢視數位演算法中嵌入的內在偏見。

演算法偏誤

一般來說，輸入資料的品質，以及建造一演算法時做出的假設，將決定產生演算預測的品質。俗話說的好：「垃圾進，垃圾出。」（Garbage in, garbage out.）下文將針對兩種常見的演算法偏誤進行介紹，它們可能導致嚴重錯誤的人工智慧導向決策。

選擇性偏誤

選擇性偏誤（selection bias）發生於當輸入的資料不能正確代表要分析的族群或背景脈絡時。舉例而言，亞馬遜在二〇一八年時發現，公司內部一個根據內部員工績效來篩選工作應徵者的人力資源系統貶低女性工作候選人的潛力，因為用來進行預測的資料主要是來自男性工程師的履歷表。[8]根據《路透社》報導：「這套系統的分析預測懲罰哪些內含『女性的』（women's）字眼的履歷表，例如『女性西洋棋社社長』，並且貶低兩所全女性大學院校的畢業生。」類似問題也發生在廣泛的種種活動中，例如金融、保險、執法，想像你申請的一筆貸款被一套演算法拒絕，因為這套演算法的訓練資料中明確包含（或隱含）性別或種族面向。

選擇性偏誤造成的問題遠非只涉及例行的事業決策，例如，麻省理工學院媒體實驗室（MIT Media Lab）的布蘭維尼（Joy Buolamwini）和微軟研究院（Microsoft Research）的傑布魯（Timnit Gebru）在二〇一七年做的一項研究發現，微軟、ＩＢＭ及中國曠視科技公司（Face++）開發的人工智慧臉部辨識軟體幾乎所有時候（九九％）能夠正確辨識白人男性的性別，但只有六五％的時候能夠正確辨識較深色皮膚女性。[9]（這兩位作者指出，這三家公司未能說明它們使用的訓練資料，這是業界常見的一個失誤。）布蘭維尼在TED演講中說，這種瑕疵可能導因於人工智慧演算法使用的訓練資料集的主要成分是白人臉孔：「若訓練資料不是很多樣化，那麼，和既有範例差異太大的面孔將難以被辨識出來。」[10]

二〇一六年，一家名為「青年實驗室」（Youth Laboratories）的俄羅斯公司舉辦一場由人工智慧評選的國際選美賽時，就落入這個陷阱。這場名為「Beauty.AI」的選美賽獲得來自微軟及輝達（Nvidia）等公司的支持[11]，有六十多萬人參賽，包括來自非洲及印度的數萬人，但勝出者絕大多數是白人，幾個亞洲人，其中只有一人的膚色較深。青年實驗室的技術長暨這場選美賽的科學長把這個結果歸因於信賴資料集的欠缺多樣性。誠如《譁誌》（*Vice*）雜誌編輯皮爾森（Jordan Pearson）所言，「Beauty.AI」用現成的開放原始碼資料集去訓練其演算法，這是一種常見的方法，可能散播偏誤。

標記偏見

在經常以眾包（crowdsource）方式進行的資料標記（參見第三章）過程中，也可能發生偏見。電腦語言學學者范米爾頓柏（Emiel van Miltenburg）二〇一六年發表的文獻敘述他研究Flickr30K資料集的發現，這資料集內含超過三萬張圖像，以眾包方式執行標記工作。他的研究發現，許多參與者所做的標記呈現偏見，例如，一張圖像呈現的是一位女士和一位男士正在交談，參與者把它標記為一位女士在和她的上司交談。在范米爾頓柏看來：「參與者對圖像的描述是有偏誤的。」[12]

標記偏見的例子很多。二〇一七年，普林斯頓大學和英國巴斯大學（University of Bath）的電腦科學家們發現，在一次看似合理的標記流程後，一個常被使用的機器學習模型把「female」與「woman」這兩個字和家政之類的事務及藝術與人文類職業關聯在一起，把「male」與「man」這兩個字和數學及工程類工作關聯在一起。[13]根據《衛報》的一篇報導，這個模型也「較可能把歐裔美國人的姓名和『gift』或『happy』之類愉快的字眼關聯在一起，而非裔美國人的姓名則更常和『abuse』及『evil』之類不愉快的字眼關聯在一起。」[14]

同樣是二〇一七年所做的研究，維吉尼亞大學學者歐登內茲（Vicente Ordóñez）和華盛頓大學學者雅斯卡（Mark Yatskar）分析微軟及臉書提供的研究用圖檔庫，發現這些圖像的標記呈現明顯的性別偏見：烹飪的圖像被關聯至女性，運動的圖像被關聯至男性。[15]

研究人員發現，標記流程顯著增加人們的偏見，誠如《連線》（*Wired*）雜誌所言：「使用資料集來訓練的機器學習軟體不只反映那些偏見，還使偏見擴大。若一個相片集大致上把女性和烹飪關聯在一起，靠著研習這些相片及它們的標記來訓練的軟體將形成更強的這種關聯性。」

專家對資料進行標記時，也可能發生偏見情形。研究已經顯示，醫療診斷中的一個偏見，例如過度治療偏見（overtreatment bias），是如何很容易的轉化為標記偏見。[16] 在醫學影像領域，偏見尤其是個問題，資料集由專業醫生標記後，用來幫助訓練演算法去辨識各種病狀，我們在哈佛創新科學實驗室所做的研究顯示，口腔顎面外科醫生及牙醫在使用X光檢查牙科疾病時，約有五〇%的假陰性率（亦即漏診率，實際有病，但被診斷為正常）。因此，他們標記的資料集不僅含有他們的錯誤，在這些資料集被用來訓練演算法後更加擴大錯誤。在使用專家標記的資料時，結果的客觀度量（這有時被稱為「真值／實況」（ground truth）很重要，但可能很難取得。

一些形式的演算法偏誤幾乎無可避免。在選擇時，沒有任何訓練資料可以是無限供應的，涵蓋每一種可能情況。在做標記時，流程本質上就簡化了做標記者的解讀過程，並且可能受限於做標記者本身的知識與觀點。一般來說，演算法是為一個目的而設計的，這本身就已經涉及一種偏見。

以動態消息（newsfeed）之類的演算法為例，這演算法左右在一個社群網路上顯示給用戶的內容，它的設計應該要達成什麼目的呢？增進用戶的投入與互動程度？優化廣告支出？避免使用敏感資料及保護消費者隱私？保證呈現資訊的正確性？降低對敏感資料的依賴度？這些標準以及許多其他的標準都很重要，需要演算法的設計師做出深思熟慮的決策，正視令人苦惱的倫理面挑戰與取捨。當演算法即時做出這類取捨，把內容呈現給數百萬、數千百、甚至數十億人時，發生離譜錯誤的可能性相當高。

就很多方面而言，有關於演算法偏誤的研究目前仍處於嬰兒期。雖然不可能完全消除偏誤，但我們必須了解偏誤的普遍存在，致力於減輕偏誤，經理人必須了解這個現象，支持重要的消除偏誤措施。

首先，模型的選擇很重要，應該配合審慎選擇的目標。其次，應該審慎選擇用來訓練演算法的資料集，資料集應該來自透明的源頭，必須適切、充分的代表演算法想要解決的問題。

這些考量在在顯示，縱使所有利害關係人都試圖做正確之事，使用演算法的營運模式牽涉到的倫理面挑戰仍然相當複雜。不幸的是，現實並非那麼良善美好。

網路安全性

阿里雲每天封阻兩億次的蠻力攻擊（brute force attack），兩千萬次的入侵攻擊（hacking attack），以及一千次的分散式阻斷服務攻擊（DDoS，distributed denial of service attack）。[17]這只是千千萬萬個例子中的一個，網路攻擊的規模、頻率及影響已經到了令人焦頭爛額的地步；人工智慧的發展成長，以及需要餵給它的龐大資料集的累積，將使得網路攻擊的問題更加嚴重棘手。此外，新型的網路攻擊正在興起，數位型營運模式被挾持而用來做壞事。

入侵

我們首先探討較傳統的網路入侵。以易速傳真公司為例，該公司在二〇一七年九月揭露當年稍早遭遇網路入侵，一億四千七百九十萬個易速傳真消費者（近乎美國半數人口）的姓名、社會安全號碼、駕照號碼、信用卡卡號、出生日期、地址等資料外洩。[18]把所有這些敏感的個人資料集中存放於一處，開啟一名前易速傳真經理人所謂的「夢魘情境」之門，誠如《華爾街日報》的報導所言，這原本是可以避免發生的：「當史密斯（Richard Smith）於二〇〇五年接掌執行長時，易速傳真是一家遲滯、成長緩慢的信用報告公司，他掌舵之後，決心推動公司轉型，擴增它儲存的消費者資料量，並靠這些資料來賺錢。」[19] 披露此網路攻擊事件後不久，史密斯退休。

發動這次網路攻擊的團體並非專門針對易速傳真公司，美國聯邦審計總署（US Government Accountability Office）指出，攻擊團體廣泛搜尋具有特定弱點的網站後，選中易速傳真公司作為攻擊目標，攻擊者使用一個名為「Apache Struts」的開放原始碼軟體架構，它被用於開發企業應用程式。[20] 但Apache Struts的漏洞處理機制薄弱，這個弱點導致易於被遠端執行程式，讓第三方可以安裝程式，瀏覽、改變、或刪除資料，甚至開設新帳戶。（譯註：美國司法部在二〇二〇年二月公布後續調查結果，這起攻擊是中國人民解放軍的四名駭客所為，他們實際上就是針對易訴傳真公司發動攻擊，但故意繞了約二十個國家的數十台伺服器來隱匿行蹤。）

其實，攻擊者在易速傳真的一個網站發現弱點的兩天前，美國國家網路安全與通訊整合中心（National Cybersecurity and Communications Integration Center，簡稱ＮＣＣＩＣ）已經辨察並指出問題。（史密斯咎責一名員工沒有針對ＮＣＣＩＣ提出的警告，更新軟體。）[21]攻擊團體發現漏洞時，快速入侵易速傳真的系統，找到一個內含一些未加密的使用者名稱及密碼的資料庫，使用這些易速傳真的身分驗證資訊，攻擊者逐步找到及查詢到該公司防火牆後面的五十多個資料庫。他們偽裝他們的攻擊，使它看起來像正常的網路活動，長達七十二天未被發現。[22]

在資料外洩的餘波中，易速傳真的領導人表現得很糟。該公司在二〇一七年七月底發現網路遭入侵，儘管他們已經發現有龐大的個人顧客資訊被盜，卻晚了一個多月才公布此事。在這段期間，易速傳真的財務長及另外兩名主管出售總計約兩百萬美元的持股[23]，在此同時，消費者及投資人完全不知道那些資料已經在史上最大的隱私資訊盜竊案之一當中被盜了。

易速傳真當然不是個案，過去十年間，許多公司已經承認歷經網路安全漏洞問題，包括微軟、萬豪酒店、安德瑪（Under Armour）、索尼影業（Sony Pictures）、國際足球總會（FIFA）、安森醫療保險公司（Anthem）以及美國郵政署（US Postal Service）在內，許多組織都被駭客成功攻擊過。這些網路入侵公布消費者的私人資訊、信用卡卡號、專利記錄、員工詳細資訊，甚至公布索尼影業公司執行長家庭的電子病歷資料。另一個有趣的例子是，有句名言：「公司有兩類：那些知道它們已經被駭的公司，以及那些不知道它們已經被駭的公司。」這段話常被人說是前思科系統公司（Cisco Systems）執行長錢伯斯（John Chambers）所說，但實際上這句話真正的發言者是二〇一二年時任美國聯邦調查局局長的穆勒（Robert Mueller）[24]

組織領導人現在已經非常清楚，他們有基本的法律與倫理責任去保護他們從顧客、員工及事業夥伴取得的資訊，但是，伴隨我們對資料的依賴性愈來愈高，而且，在分析及人工智慧都需要資料之下，這個趨勢並無減緩跡象，因此，這個挑戰愈來愈艱巨。坊間當然不缺提供解決方案以保護公司免於遭到網路攻擊傷害的顧問，此外，現在已經有更多公司採行最佳實務，例如雙重驗證（two-factor authentication）及正規的ＩＴ安全性治理架構，這些無疑的是重要行動。

但是，除了投資於資安技術、治理及訓練，公司主管也必須認知到，他們有保護資料的責任。易速傳真公司目前正在等候來自消費者金融保護局（Consumer Financial Protection Bureau）及聯邦貿易委員會（Federal Trade Commission）的處罰。[25]

易速傳真遭網路入侵盜竊資料，係因為它的系統老舊，資安程序隱晦不明，組織流程混亂，領導階層不重視網路安全性。[26]不過，這類網路入侵事件猖獗，凸顯一個事實：網路安全性是一個普遍的挑戰。因此，資訊安全相關的投資是必要的，從花錢升級老舊的

ＩＴ系統及各種技術與服務，到預防及偵測網路威脅，到建立正確的文化及組織能力。此外，在偵測到網路遭入侵時，反應遲緩或延遲溝通可能使得公司及消費者的損失顯著加重，因此，公司應該投資在了解、模擬及部署網路反應機制，並視其為一項即時的營運挑戰，也是一項法律與倫理責任。

挾持

網路安全性挑戰不僅限於傳統的網路攻擊，我們現在看到出現一種不同類型的攻擊：挾持數位型營運模式來做壞事。來看看這個例子：二〇一九年三月，一名槍手闖入紐西蘭基督城的兩座清真寺濫殺，造成五十人死亡，槍手以穿戴式攝影機拍攝做案過程，並在臉書上直播。據信有大約兩百人觀看原始的直播，但顯然無人提出檢舉。

這十七分鐘的直播結束約四十五分鐘後，警方通知臉書，該公司立即移除影片並關閉槍手的帳號，但在此之前，這影片已被觀看約四千人次。儘管社群媒體在接下來二十四小時拚命努力移除影片，它仍然繼續被分享到各社群媒體平台，而且往往伴隨更加激烈、更具煽動性的反穆斯林言論。

臉書公司指出，試圖將影片備份並上傳至其網路的人次超過一百五十萬，其中一百二十萬被發現及刪除。但是，許多人對影片做出一些改變：重新剪輯，改變它的音調，或是加入浮水印或標誌，成功繞過臉書的控管。YouTube面臨許多相同的挑戰，儘管它非常努力，仍然無法阻擋各種變化版本的影片在平台上傳播。誠如YouTube產品長莫翰（Neal Mohan）所言：「這是一樁為了病毒式散播而謀劃的慘案。」[27]

我們最近也看到俄羅斯人發動數位挾持來影響美國、英國及其他國家的政治選舉的證據。美國司法部在二〇一八年二月十六日，指控十三名俄羅斯公民和三家俄羅斯籍公司從事種種散播偏見：「在美國政治體系中挑撥離間，製造不和」，以及在二〇一六年大選中支持川普的違反活動。[28]這些活動的主導者以一家名為「網際網路研究機構」（Internet Research Agency LLC）的公司為核心，該公司被指控：「進行種種運作以干擾選舉與政治流程」，其幕後操縱者被懷疑是俄羅斯情報部門。

根據起訴書，公司雇用數百人從事線上操縱，其中包括分析及搜尋引擎的優化。起訴書中也指出，該公司僱用約八十人專門在YouTube、臉書、Instagram及推特上從事「操縱」活動，包括在社群網路上轉發與購買廣告，設立假帳號及人物，張貼以資料及分析優化過的針對性內容及影片，以促進該公司的宣傳。

雖然，這些活動的範圍及影響程度仍然受到各方爭議，但它們似乎特別有效壓抑非裔美國人在一些關鍵州的投票率，以及離間桑德斯（Bernie Sanders）的支持者。[29]最驚人的應該是這些操縱的規模，其行動觸及至少一億兩千六百萬個臉書用戶，並用超過兩千七百個推特帳戶，透過三萬六千個網路機器人發生送一百四十次的推文。

動員做出反應

數位型營運模式增強組織的規模、範疇及學習能力，社會變得愈來愈暴露於種種新的網路安全性挑戰，這些威脅始於傳統的入侵盜取隱私資訊，再擴展至有系統、愈來愈精進複雜、瞄準美國社會與政治制度基礎的操縱活動。不是只有Google及臉書之類的公司面臨這些挑戰，從索尼影業到易速傳真，所有類型的新舊公司都面臨這些挑戰。

許多公司做出極大的努力去對抗這新一代的犯罪，但是，如同易速傳真公司的例子所示，只需要一個薄弱的環節，就可能發生問題：需要警方打電話通知，臉書公司才得知基督城槍擊案直播影片一事，若有更多觀眾更早檢舉問題，就可以減少大量轉傳的情形。這類挑戰的規模及範疇持續擴大，我們每一個人必須參與對抗這類危險事件，個人、經理人及企業與政府領袖必須團結起來。

必須指出重要的一點是，並非所有的有害事件都能容易辨察，甚至，有害也未必違法。在精練嫻熟的網路攻擊和第三方獲得授權且透明的使用顧客資料這兩者之間存在灰色地帶，這些灰色地帶通常是由許多介面創造出來的，這些介面居中連結各種數位型營運模式，以建立我們的數位經濟必須仰賴的商業網路。這就引領我們來到「平台控管」的相關課題。

平台控管

我們全公司上下不僅有責任打造工具，也有責任確保這些工具被用於良善用途。

——臉書公司執行長祖克柏，於二〇一八年在美國參議院聽證會上發言

跟多數平台型公司一樣，臉書尋求塑造及控管它的生態系，並確保它的工具與技術不會造成傷害，但是，如何適當的做到這種控制，並不是那麼顯而易見。人們議論，該如何

定義祖克柏所說的「良善」，才不會傷害到言論自由；人們也議論，像臉書這麼一個有其獨特文化與政治傾向的組織，我們如何信賴它為我們做出決定。但是，若沒有一些控管，一個充滿資料的數位平台可能滋生出種種問題。

劍橋分析事件

《衛報》在二〇一五年十二月報導，一家沒沒無聞的小型資料公司劍橋分析公司（Cambridge Analytica）出錢請劍橋大學心理系講師科根（Aleksdandr Kogan）使用臉書用戶資料進行美國人的心理特質分析。[30]《衛報》披露，科根自二〇一四年起和劍橋分析公司的母公司SCL集團（SCL Group）合作。

在SCL集團的資助下，科根使用眾包平台亞馬遜機械土耳其人（Amazon Mechanical Turk），付錢請人下載一款應用程式，接受一項心理測驗，但這款應用程式卻在未經這些人許可之下，盜取他們的臉書資料，然後又盜取他們臉書友人的資料。《衛報》在後來的報導中指出：「科根擁有SCL集團想要的東西：一款〔較老舊〕的臉書應用程式，該應用程式適用二〇一四年以前的臉書服務條款，那舊版本的服務條款容許應用程式開發者不僅可以擷取安裝其應用程式者的資料，還可以擷取這些人的友人資料。」[31]二〇一四年以後，修改後的新版服務條款禁止這種資料蒐集。

總部位於英國的劍橋分析公司，其首要投資者是美國避險基金經理人、富豪默瑟（Robert Mercer），該公司為其客戶提供影響選民的機會：使用以臉書資料建立的心理素描來微定位（micro-targeting）潛在選民。[32]該公司在二〇一五年時為英國脫歐運動及角逐美國總統選舉共和黨候選人的參議員克魯茲（Ted Cruz）效勞[33]，當克魯茲於二〇一六年五月退選後，該公司開始為川普的競選活動效勞，根據新聞網站《攔截》（*The Intercept*）的報導，川普的顧問班農（Steve Bannon）曾是劍橋分析公司的董事會成員。[34]

二〇一八年三月，在最初披露的兩年多後，《紐約時報》和英國的《觀察家報》（*The Observer*）發表共同調查結果：科根把超過五千萬人的資料交給劍橋分析公司，該公司製作其中約三千萬人的檔案。那些下載科根的「性格素描」應用程式的二十七萬人，在不知情之下讓壞蛋取得一大部分美國人口的敏感資訊。（科根聲稱，在這事件中，他被拿來作為代罪羔羊。）[35]有證據顯示，劍橋分析公司曾對英國人使用類似伎倆，以幫助英國脫歐運動。[36]

平台錯了嗎？

到底出了什麼問題，是誰的錯？臉書在二〇〇七年中推出臉書開發者平台，讓開發者撰寫與這個社群網路特色互動的應用程式，包括遊戲、新聞應用程式等等。短短一年後，臉書平台就有數十萬個開發者撰寫數萬種應用程式。這個平台與時演進，推出更多應用程式，包括Facebook Connect（讓臉書用戶可以在外部網站上使用他們的臉書帳戶登入），以及Open Graph（一種協定，讓外部網站可以把用戶活動張貼在臉書動態上，例如一用戶在Spotify網站上聽了什麼歌曲）。五年間，臉書平台支援的應用程式成長到超過九百萬款，為臉書的龐大社群網路社群提供廣大範疇的服務。這些看起來全沒什麼明顯的問題，至少一開始是如此。

但是，臉書容許開發者可以在用戶的友人不知情或未准許之下蒐集他們的資料，這導致問題開始出現，科根的應用程式蒐集大量臉書用戶及其友人的資料、並賣給劍橋分析公司的事被揭露後，臉書已經修正這個問題。

當《衛報》於二〇一五年報導此事後，臉書立即回應，指劍橋分析公司違反臉書的使用條款。臉書的條款准許研究人員在獲得用戶同意下（用戶可以在設立帳號時選擇不同意），使用用戶資料作為學術目的，但禁止科根使用的那類資料出售或轉移「給任何廣告網路、資料仲介、或其他廣告或營利相關服務」。[37]

臉書立即中止劍橋分析公司進入其平台，並要求該公司刪除資料，劍橋分析公司告知臉書，它已經刪除資料，但實際上顯然並未刪除。接下來發生的事就有些難以評斷。臉書並未堅持對劍橋分析公司進行監察，根據合約條款，但臉書是可以這麼做的，臉書沒有這麼做。這或許是臉書的錯，但實際原因也可能是根本難以做到完全徹底、詳盡的監察。[38]

平台控管方面的挑戰可能令已經採行數位型營運模式的組織深感苦惱，劍橋分析公司的故事就是一個好例子。數位規模、範疇及學習的力量，有很大部分來自數位平台的開放與連結，在幾乎任何的數位營運模式中，每一個系統都是透過強大、相當開放的介面來連結至各種網路。這些連結大大擴增數位系統的功能，但它們也開啟原設計者可能從未設想到的其他用途，縱使後來察覺並了解這些未設想到的使用方式，可能也難以、甚至無法控管它們。平台控管遠非只有應付網路安全性方面的挑戰，還涉及必須把系統設計成如同祖克柏所說「被用於良善用途」，但是，何謂「良善」，不僅在定義上有疑問，也幾乎不可能執行。

數位平台能促成創新者生態系開發出令人想像不到的發明，但這種力量同時也是平台的脆弱性，如何防止平台遭受傷害，並非總是直覺的顯而易見。

平台愈開放，風險愈大，例如，一些觀察家批評蘋果的iOS及蘋果商店平台相當封閉，有嚴格規範，一款應用程式在蘋果商店上架供大眾下載之前，必須通過正式核准。另一方面，更開放的Google安卓系統及Google Play商店供應許多較惡意的應用程式，讓數百萬用戶下載惡意軟體，而Google本身往往不知情。[39] 平台型公司該如何在控管太多和控管太少之間保持適當的平衡呢？

一個平台的控管問題若涉及分享跟第三方有關的資產（尤其是消費者資料），問題就更複雜了，因此，含有廣告平台的營運模式特別棘手。在此舉兩個例子，Google廣告（前稱Adwords）及臉書廣告形成成熟的軟體平台，有先進的應用程式介面，使用資料來幫助廣告客戶尋找合適的消費者。我們注意到，很多這類鎖定目標的精準行銷不僅對廣告客戶有價值，對消費者也有價值，消費者可能喜歡收到切合他們需要的廣告，而非收到那些亂槍打鳥似投放的商業訊息。

但是，你如何在適切性與侵犯隱私之間劃出適當分際呢？相同的廣告，一個消費者可能覺得有用，但另一個消費者可能覺得受到侵犯或甚至感到討厭。此外，該由誰來決定這個疑問？應該是廣告平台本身有編輯權去判定每則廣告的適當性嗎？舉例而言，

Google的品質評分流程根據點擊率、適切性、登陸頁品質及其他種種因素，決定一則廣告在搜尋結果頁面上的排序位置，但多年來，這種做法引起很多議論，有些人覺得這是對廣告品質的必要控管，其他人則認為這很擾人且反競爭。

至少在美國，這些疑問也引發牴觸憲法的言論自由保障的疑慮，許多向所有人開放的內容平台擔心，控管與策展可能被質疑近似審查制度。公司主管及利害關係人將愈來愈常面臨私人行為者治理公眾行為所引發的疑問與課題，很少有人具有適足能力與準備去處理這些疑問或產生適當解方。

或者看看螞蟻集團的例子。螞蟻集團蒐集空前種類與數量的消費者資料，像是有關於用戶平日從事的種種事務與使用的服務的資料、商業交易資料、地點資料、信用資料、甚至金融投資與風險偏好方面的資料，這些全被匯整。

截至目前為止，沒有發生公眾受到傷害的證據，不過，一旦網路被入侵，潛在的傷害可能很大。這些挑戰之外，該公司的應用程式介面被普遍使用，使其資料與功能暴露給第三方業者生態系，這也構成潛在的風險。

跟數位擴增力、演算法偏誤及網路安全性等挑戰一樣，平台控管方面的挑戰凸顯大家應該思考的新倫理層面考量。不過，另一股力量使這些挑戰變得更加迫切：伴隨數位型營運模式驅動網路效應及學習效應，各組織之間的不對稱性往往加劇，市場將變得更集中化。這種不對稱性愈來愈凸顯公司、社區及消費者之間的差異，引發有關於公正性的種種疑慮。整個經濟體系中的價值、乃至於決策權的分配，怎樣才算公正？這種分配應該如何影響所得與價值的分享？

公平與公正

Spotify 準備和蘋果公司及其音樂串流服務事業蘋果音樂（Apple Music）打一場反托拉斯之戰，這家瑞典公司在二〇一九年三月提出反托拉斯法控訴，認為蘋果對 iPhone 上的每一筆應用程式內購買（in-app purchase）收取三〇％手續費的做法使得 Spotify 根本無法與蘋果音樂競爭。

此外，Spotify 也抗議蘋果公司對蘋果商店中的應用程式下載設下嚴格限制，蘋果的這些嚴格限制是為了控管及形塑它的平台生態系的影響力，因此，Spotify 是在抗議蘋果的平台控管策略，對此蘋果公司表示，它的控管使得 iPhone 軟體保持一貫的高品質，並且避免病毒及惡意軟體。

被蘋果對應用程式供應商收取高手續費做法惱怒的並非只有Spotify，網飛及電玩遊戲開發商藝鉑遊戲公司（Epic Games）與維爾福公司（Valve Corporation）都抱怨過，或是嘗試完全繞過蘋果商店。這個問題源於數位型營運模式帶來的另一種重要挑戰：前面章節討論到的那種網路效應可能使得成長集中度提高。

行動平台的網路效應極強，導致明顯的市場集中化，消費者多歸屬的情形少，因此，在大多數國家，蘋果公司有效的控制通往iPhone消費者的管道，就如同Google控制通往安卓系統智慧型手機的管道。若Spotify想通往很有價值的iPhone消費者社群，它別無選擇，只能遵從蘋果的規則及訂價公約。

亞馬遜的零售市集讓數百萬事業夥伴向亞馬遜的線上顧客銷售產品，這市集也帶來類似的挑戰。雖然，大家都承認亞馬遜為形形色色的小型企業提供大量機會，但最具吸引力的區隔的店家抱怨亞馬遜本身也進入這些區隔，直接與它們競爭。哈佛商學院學者朱峰和奧克拉荷馬大學學者劉其宏有系統的調查二十二種產品子類別中超過十五萬種產品，發現有充分證據支持這些店家的抱怨。[40]我們的研究也發現，當強大的平台與它們本身的互補者競爭時，的確存在著困難的權衡。[41]

市場集中化的挑戰

這是一種複雜的現象。我們看到平台或樞紐公司可能憑恃強大市場力量，左右競爭態勢；但我們在第六章討論到，多歸屬和網路群聚之類的現象也可能實質性的回擊主導市場行為。最終，沃爾瑪的線上市集可能為線上賣家提供另一種重要選擇：制衡亞馬遜的行為。在共乘市場，乘客網路與司機網路中普遍的多歸屬現象已經削弱優步、來福車及滴滴出行等公司提高價格與攫取獲利的能力，網路群聚現象更加促進競爭，因為任何具有地方性規模的叫車服務或計程車服務都可以有效成為取代較大型共享汽車服務商的選擇。

優步及來福車之類的公司不懈的致力於在市場上減輕多歸屬與群聚現象。它們在應用程式及服務中增加特色，例如乘客可以在乘車途中選擇聆聽的音樂。它們致力於把司機綁在它們的服務平台上，做法包括設計特有的應用程式性能、訂價折扣、獎金制、甚至融資方案，以提供強力誘因，使司機忠誠的為單一平台提供服務。如果這些營運戰術未能達到目的，它們甚至會收購競爭對手，例如優步在二〇一九年首次公開募股之前，收購在中東地區擁有領先地位的共享汽車服務商Careem。[42]

每一個案例有其獨特性，且充滿微妙差異，但難以否定一個大趨勢：就整體經濟而言，那些形塑與擴大這些經濟網路的公司扮演愈來愈重要的角色，通常能夠憑恃空前的影響力來取得豐厚獲利。由人工智慧驅動、以資料為中心的營運模式更加強化這樣的發展趨勢，在智慧型手機、行動即時傳訊等產業，市場力量的集中已經是事實，這種集中化可能很快就會延伸至汽車業、農業等種種產業。美國聯邦及各州的主管機關與立法者已經注意到這種發展，堅持提高對數位型公司的審視。

但是，雖然問題嚴峻，很重要的一點是，我們也不能採行過於簡單化的解方。把一個贏家通吃的企業予以拆解，這根本無濟於事：拆解後產生的組織又會發展成一個贏家，老問題又會再度出現。我們應該致力於矯正與改善數位型營運模式，而不是摧毀它們。當公司的經營管理有問題時（例如臉書遭遇的隱私挑戰），需要的是一個有效且反應靈敏的監管架構，而這也是祖克柏所倡議的。[43]社群應該要伸出援手，扮演積極的角色。

前述種種課題複雜棘手，涉及困難的取捨，但若我們齊心協力，將可以找到解方。最重要的是，我們需要新一代的領導人認知到新責任，主動積極的解決新挑戰。

新的責任

現代公司的領導者承擔不起忽視新一代倫理挑戰的後果，我們需要種種務實、可行的技術性與商業性解方。顯然的，不是只有我們這麼想，Google與微軟正大力投資於研究演算法偏誤，臉書也投入龐大的資源在應付假新聞及有害貼文的問題。[44]就連那些傳統型組織（如易速傳真公司及民主黨全國委員會）在被駭客刺痛之後，其領導階層也開始投資在尋求矯正的方法。[45]如何因應伴隨數位規模、範疇及學習力量而來的倫理面挑戰，已經成為領導者必須面對的管理課題。

最大的責任主要落在那些在經濟與社會中揮舞最大的力量、占據核心網路地位的企業組織，關於這點，生物生態系或許可以提供一個有用的類比。

如同現代經濟型態一樣，生物生態系是一個高度連結的物種網路，所有物種彼此緊密的互相依賴與影響。在一個生態系中，所謂的「楔石物種」（keystone species）對整個生態系的支撐與維繫尤其扮演著至為關鍵的角色，從提供棲息地，到輸送雨水，這類物種執行具有特別重要的功能，它們維繫整個生態系的健全，當它們的行為模式出現改變，不僅會影響本身的物種，也會影響到整個生態系。如果一種關鍵物種消失了，將會嚴重傷害整個生態系的永續性。

相同的道理，臉書及易速傳真之類的公司實際上左右著商業網路的健全性，它們的一舉一動都會影響所有網路節點或社群成員，不論是張貼影片內容、申請貸款、銷售廣告或分享訊息。由於這些樞紐公司占據廣為連結的網路中心地位，它們不只是整個網路價值創造活動的基礎，更已經成為經濟及社會體系中不可或缺的關鍵因素。它們提供人們所依賴的服務與技術，如果哪天它們消失、或者出了問題，都可能導致無法想像的災難性事件。

誠如許多公司的領導者已經了解到的：樞紐地位愈高，責任也愈大。類比於前述生態系中的楔石物種，本書作者在多年前便提出「楔石策略」概念。[46]

所謂的楔石策略，是將樞紐公司的目標和其網路的目標相互對焦，透過改善其網路（或商業生態系）的健全性，使樞紐公司的長期表現獲益。

楔石策略的主要特徵是，它聚焦於校準內部及外部需求，以形塑及維繫一家公司所處網路的健全性。Google對消除演算法偏誤技術的投資，就是採行楔石策略；臉書刪除所屬社群網站上的有害的影片，也是楔石策略。其中的關鍵就是：維護一個健全的商業網路，不僅是身為企業的倫理責任，更是事業永續經營、長治久安的唯一之道。

變革的契機

楔石概念與法律學者巴爾金（Jack Balkin）及齊特林（Jonathan Zittrain）提出的「資訊受託人」（information fiduciary）概念有關：[47]

法律上，受託人是基於信賴關係，為委託人之利益而行事的自然人或法人，例如理財專員受託處理客戶的財產。醫生、律師、與會計師則屬於「資訊受託人」，亦即一個人或企業受託處理的不是財產，而是資訊。醫生及律師有義務為委託人保守保密，他們不能利用所蒐集到與委託人有關的資訊，從事有損委託人利益的事情。[48]

Google及臉書之類的公司掌控重要經濟網路中的樞紐，取得龐大的消費者資訊，身為資訊受託人，它們肩負不傷害它們蒐集資訊對象的責任。以下再次引用巴爾金與齊特林的論述：

現在，我們有機會透過受託人責任概念開啟一輪新的協商，讓公司肩負起「資訊受託人」的責任：

它們將同意一套公平的資訊實務，包括安全性與隱私的保障，揭露受侵害事件；

它們將承諾不利用個人資料去做不公平的歧視，或濫用終端使用者的信賴；

它們將拒絕銷售或傳播消費者個人資訊，除非資訊取得者同意遵相同規範。

作為回報，聯邦政府相關法規的適用將優先於州及地方法規。[49]

巴爾金與齊特林進一步主張，在各州立法者、現有普通法、以及集體訴訟威的脅下，有更多誘因促使樞紐公司接納這個概念。微軟之所以表示願樂於接受全國性的聯邦隱私法規，部分原因就是希望能夠擺脫州層級的管束。[50]而臉書也明確表達相似期待。[51]

維繫數位經濟的責任，一大部分有賴於掌控數位經濟樞紐公司的領導者，因為樞紐公司占據擁有龐大影響力的核心地位，它們已經變成長期經濟健全性的實質管家。部分緣於回應來自公眾的壓力，蘋果、阿里巴巴、Alphabet、亞馬遜等公司的領導者愈來愈意識到他們的公司對無數公司及數十億消費者的經濟健全性的影響，樞紐公司受益於它們控管的生態系，它們有動機去維護股東及它們服務的廣大社群的經濟健全性。

因此，這些數位型公司應該共同採取有效行動，以促進它們（及我們所有人）賴以生存的網路的長期可續性。許多領導者已經了解這點（至少，他們能夠了解這道理），現在，我們必須推促他們採取行動。

我們已經看到數位網路及人工智慧人如何推動營運能力、競爭策略及倫理層面難題的發展。在這些顯著的改變之外，我們也必須從更廣泛的角度思考未來，聚集眾人智慧去因應我們所共同面臨的新挑戰，這是下一章要探討的主題。

第九章

新賽局

除了絕對的需要，沒有其他東西能夠驅動大批原本誠實勤勉的人們做出對他們、他們的家人及社區如此危險的暴行。

——拜倫勳爵（Lord Byron）在英國上議院為盧德運動份子辯護

一八一二年二月二十七日

在遊戲中，「新元」（new meta）是一種超越既有遊戲規則或超越傳統遊戲限制的新現實。一個新元就如同在賽局的半途改變棋盤上容許的棋步或橋牌規則。

人工智慧時代為我們所有人改變了賽局，但這個新賽局的特徵並不是機器人能像人類般行為，而是新型公司的崛起，它們以遠遠更精良的方式使用人工智慧來打破存在已久的營運模式限制，驅動新價值、成長、與創新。嵌入數位網路、營運模式及人工智慧工廠的軟體導向公司，促成新的創造價值方式，進而改變我們的經濟與社會運作規則。

經濟成長可茲為證，我們的新賽局創造出巨大的機會、科技類股的興旺，以及一些最佳傳統型公司的改進，但也令我們困頓於了解新規則的充分含義，迫使我們得應付種種新問題，處理愈來愈複雜的後果。

回顧歷史，可以提供一些提示。

似曾相識？

這種賽局規則的根本改變以前也發生過，始於邁入十八世紀之際，工業革命剛興起，生產方法的技術變化驅動價值創造與價值擷取方式的轉型。事實上，早期的工業化促成營運模式的大改變，朝向工作愈來愈專業化，組織變得組件化，精心設計與建造的市場流程於是誕生。

以往由技工以手工打造的東西，愈來愈變成使用專業化的量產方法生產，效率遠遠較以前高。以往由技藝嫻熟的工作者細心打造每一個部件，再精心組合成一個製造品；現在，每一種部件分別由工作者使用專門技巧與設備來生產，再於另一個專門的流程，把所有部件組裝起來。這改變了生產所需的技巧與能力，並重新定義產業分界與競爭態勢，大大影響財富的創造與分配。在接踵而來的經濟、社會、與政治變化浪潮中，全球都感受到餘波的衝擊，社會也漸漸的將衝擊下的牽連性予以內化。

對此變化做出最早反應的是盧德運動（Luddite movement），這個運動在一八一一年興起於諾丁漢（Nottingham）附近，並快速蔓延至整個英格蘭。盧德份子強烈反對取代傳統紡織生產方法的新型燃煤自動紡織機及高量產工廠，過去紡織工人、農作收割工及棉紡工人向來在家裡工作，享有好的收入及足夠的休閒時間，他們不喜歡被專業設備取代，而且那些設備也可能會大為減少那些經常在大型且通常衛生條件不佳的工廠裡工作、且不具有專業技能的勞工需求量。就如同我們現今看到的，工業革命顛覆現狀，使傳統能力與製造策略變得過時而被淘汰，也創造出新的道德兩難困境。

一些工人起初試圖談判，要求獲得更多工廠獲利的公平份額，也有人要求對織物課徵新稅，把稅收拿來幫助那些失去工作的工人。還有人試圖拖延新機器的部署及紡織廠的興建，讓工人有較多的時間去調適改行。工廠業主拒絕回應這類的任何要求。

一八一一年十一月，五、六名用煤炭塗黑臉部的男子前往織工僱主何林沃斯（Edward Hollingsworth）的家庭工廠，搗毀六部紡織機。一星期後，這些人再返回，燒了何林沃斯的房子。攻擊行動蔓延至其他城鎮，每個月將近有近兩百部機器被摧毀。

攻擊者有一種黑色幽默。當他們向製造商發出警告信時，他們編造一個神祕的「盧德將軍」（或「盧德國王」）作為攻擊行動的教唆者，這個名稱的靈感顯然來自「Ned Ludd」這個虛構故事，傳說這個學徒被其雇主毆打，便砸了兩部織襪機以為報復。

盧德份子尤其憤怒財富更加集中於實業家的現象，他們認為這是犧牲勞工階級而獲得的。這個運動演變得愈來愈暴力，盧德份子犯下幾樁暗殺與攻擊，直到英國軍方增派一萬四千名士兵至盧德份子騷亂的郡區才停止。[1]後來的審判中，二十幾名盧德份子被處絞刑，另有五十一人被流放澳洲。

盧德運動是「新元」出現時引發動盪的縮影。工業革命之初的現代公司，其特徵是一種革命性的營運架構驅動愈來愈專業化，其背後的能力是運用新的生產技術把生產方法區分成明確的專業化工作組件及組織分部，這一切使得傳統的技工生產方法被廢棄。這種根本的改變可以追溯至各種產業的標準化與專業化，從成衣製造業到汽車的生產與組裝，甚至延伸至從銀行業到速食業的各種服務業。

從一八〇〇年代初期到二十世紀中期，現代公司興起帶來的轉型浪潮又深又廣，而且顛覆破壞力十足，最終影響絕大部分的世界經濟。總的來說，歐洲及北美洲的平均生活水準顯著提高，但是，工業革命也導致財富更加集中於擁有生產方法的少數人身上，財富分配愈趨不均。此外，轉型導致的失業造成巨大的不確定性，社會與政治的緊張對立加劇。

新時代

現在，賽局規則再度改變。進入人工智慧時代，我們應該非常注意這些新規則。

規則一：變化不再是局部性，而是系統性

人工智慧時代是由無止盡且系統性的變化動因所驅動，它不同於工業革命時代時，由幾波技術創新潮流逐漸把工業革命推到各個產業及地區，我們現在的新變革引擎幾乎在同一時間衝擊全球所有產業。我們的整個經濟現在實質上是受到「摩爾定律」（Moore’s Law）

的支配。

摩爾（Gordon Moore）在一九七五年時推測，積體電路上可容納的電晶體數目每年將增加一倍，相應的使電腦運算力也翻倍提高。後來，電晶體密度的增長速度減緩，但電腦運算效能仍然持續提高。其實，摩爾定律最有力的洞察應該是這個簡單概念：數位機器與時俱進，性能提升。數位技術漸漸、持續不斷的進步，變得更強大，可應用得更廣，毫無減緩的跡象。在軟體技術、人工智慧與機器學習演算法及電腦運算架構皆進步的推波助瀾之下，後代的數位技術將繼續促成廣泛應用領域的性能進步。數位技術已經成為全系統性轉型止不住的引擎。

工業革命時代的發明跟個別產業或至少產業群有關，就連堪稱應用最廣的蒸汽引擎，對製造業及運輸業的影響比對銀行業或保健業的影響更大。反觀數位轉型在同一時間廣泛影響到每一個產業環境，數位技術與人工智慧滿足愈來愈多種類的需求，可援引的例子多不勝數，我們已經看到它們被用來創作音樂，撰寫電子郵件回函，精準投放廣告，解讀X光片，做出訂價決策，交易股票，連結乘客與車輛，決定與安排採礦設備的預測性維修。

此外，在投入人工智慧及電腦運算技術的人力、技術與財務等資源持續擴增之下，我們仍看不到跡象顯示目前的全系統性發展趨勢將減緩速度。事實上，絕大多數跡象顯示，我們目前只處於開端。因此，我們面臨的挑戰是要認知到轉型正以加速度發生於所有產業，轉變的巨浪將衝擊整個經濟與社會。

轉變的數位引擎驅動機會與挑戰，縱使人工智慧永遠無法充分跟上人類的思考，很顯然，現在愈來愈多由人類執行的操作性工作將由數位系統輔助或被數位系統自動化。這為創立新事業提供空前的機會，但伴隨許多傳統工作被數位化，我們也將無可避免的看到失業率的增加。

幾項研究指出一個很大的衝擊：目前的工作活動有多達半數將被人工智慧或軟體賦能的系統取代。[2] 在麻省理工學院教授布林優夫森（Erik Brynjolfsson）、卡內基梅隆大學教授米契爾（Tom Mitchell）及麻省理工學院博士後研究員洛克（Daniel Rock）合撰的文獻中指出，機器學習將衝擊近乎所有職業，改變每一個工作的本質，不論工作的所得水準及專業化程度。[3]

我們不應該對這些惹人注目的預測感到過於驚訝，畢竟，至少過去有一世紀的時間，營運模式一直被設計成把人類執行的許多工作標準化，使它們變得可預測、可重複。從結帳收銀檯的掃描產品，到製作出完美的拿鐵咖啡，從執行心臟移植手術，到設計一棟房子，許多操作性工作受益於公認的方法及標準化程序，但並非總是受益於真正能夠區分出人類智慧的那種創造力。無庸置疑，人工智慧的進步將擴增許多工作種類，將帶來種種有趣的機會，但在此同時，似乎無可避免的，人工智慧也將造成許多職業的勞工失業率大增。

跟工業革命時代一樣，人工智慧時代正在改變經濟，但其影響速度與廣度將是工業革命的數倍，數位轉型遍及全球經濟的每一個部門及產業，將不需要花上百年的時間。這帶來空前的創業機會及種種新的消費者剩餘（consumer surplus）：從醫療的突破到即時遞送，但不是人人都將成為贏家，勞動擴充（labor-augmenting）及人力置換（labor-displacing）的現象已經在增加。[4]就算所有受到數位自動化威脅的工作都被其他工作取代，社會混亂也可能變成愈來愈大的一項挑戰，而且可能在未來十年就發生。

規則二：組織能力愈來愈跨部門且通用

如同我們在工業革命中看到的，技術變化將使組織的能力本質改變，不過，人工智慧技術的採行所促成的組織能力本質改變，徹底不同於工業革命時代。在幾乎所有領域中，人工智慧驅動的網路型組織正在挑戰那些具有高度專業化能力與技巧的公司，但是，在人工智慧驅動的世界中競爭，需要的能力不是傳統產業追求專業化所需的那些能力，而是一套通用型能力。人工智慧時代大大逆轉於工業革命開始的軌跡，漸漸使得許多垂直、封閉塔型組織及專業化能力變得不那麼切要且競爭力降低。

伴隨演算法模型瞄準取代愈來愈多種類的工作，競爭優勢從垂直型能力轉向一套通用型能力：取得、處理、與分析資料，發展演算法，建立人工智慧工廠，實行能夠以自動化方式做出許多決策的營運模式。伴隨這種轉變的持續，我們看到傳統的差異化策略明顯失效，具有通用型能力的新型競爭者崛起。這種侵蝕不僅改變經濟力量的平衡態勢，也導致傳統型專業化的漸漸失勢。

這種新能力的通用性影響到種種操作性工作，也進而影響到策略、業務設計（business design）、甚至領導階層。各種數位及網路型公司採行的策略相似，影響營運績效的因子也相似，每個市場的特徵較容易受到網路與學習效應之類新因素的影響，較不受到傳統的產業專門知識與專長的影響。當優步尋覓一位新執行長時，該公司董事會聘用一位先前執掌一家數位型公司「智游網」（Expedia）的人，而不是有領導過運輸服務公司經驗的人。

我們正從核心能力時代（每家公司的核心能力不同，核心能力深植於每個組織），邁入以資料及分析為中心、由演算法驅動、寄宿於雲端以供任何人使用的時代。這也是亞馬遜及騰訊能夠在即時通訊、金融服務、電玩遊戲、消費性電子、醫療（保健）、信用評分等等廣泛產業競爭的原因，這些產業現在需要相似的技術基石，通用的方法與工具，全都由可以隨需取用的龐大運算力驅動。以往的公司與競爭著重基於成本、品質及品牌資產的差異化，現在，重心從專業化的垂直專長轉向公司在網路中的地位、蒐集與累積各種資料、部署新一代的分析。

規則三：傳統的產業分界逐漸消失，重組當道

產業最早是從傳統手工藝行業演進出來的，以支持工業革命所需要愈來愈垂直的專業化。這些明顯的產業分界正在漸漸消失，普及的數位化使得以往明顯區分的產業連結起來。

Google進軍汽車業，阿里巴巴創立銀行，這些都是好例子。數位介面讓營運模式很容易穿透舊的垂直屏障，以新的、高度連結的商業模式進入新產業，於是不同的產業開始合併，能力變得更通用，在一個環境中取得的資料及得出的分析可能也適用於其他環境背

景，數位機器可以很容易連結至龐大的網路。而且，數位網路也不像以人力為中心的組織那樣受到限制。

傳統型組織受限於規模或範疇的報酬遞減，反觀許多數位網路享有報酬遞增，不僅伴隨它們本身的規模成長而報酬遞增，它們連結至其他網路時，也呈現報酬遞增。[5]我們已經看到螞蟻集團如何利用網路及人工智慧，在種種市場上增強競爭力；亞馬遜也採用類似戰術，透過其Prime會員模式，獲致成效；騰訊的即時通訊與遊戲平台延伸至金融服務與醫療領域。這種演進對許多在位公司構成巨大挑戰。

在以往，對那些追求卓越的公司主管的建議是不離本行，留在他們熟稔的事業領域。但在人工智慧時代，那些未能利用顧客及資料來進軍不同市場的組織，可能將處於劣勢。從電信服務供應商，到汽車製造商，許多公司的本業現在遭遇來自其他產業的競爭，這些新競爭者使用不同的商業模式，整合、搭售、交叉補貼產品與服務。企業領導人發現，若他們不了解這種範疇擴張的變化情勢，他們的商業模式及營運模式很危險。

不過，透過重組來創造新價值並非沒有成本，而且，對既有參與者的影響未必總是良性的。把一個原本排他的社群擴大開放給新參與者，將導致一些舊成員惱怒；把優步網路擴大開放給更多司機，或是把亞馬遜市集擴大開放給更多賣家，可能使加入已久的老成員的經濟機會減少。此外，在現有網路中加入新節點，可能引來網路威脅。伴隨更多工作被數位化及連網，確實能創造價值，但所有參與者不見得會受到相同的影響，有些使用者會獲益，其他參與者則沒有獲益，甚至可能受損。

經理人愈來愈需要了解重組帶來的機會與威脅。一些公司或許可以透過網路橋接策略，找到利用本身擁有的資料及關係來跨越傳統上有市場區隔產業的新機會。其他公司則是必須預期它們的產品與服務可能遭遇的潛在威脅，快速行動以捍衛自身，或許是透過提高忠誠度及差異化等做法來達到這個目的。

規則四：從受限的營運模式到無摩擦系統帶來的影響

數位型營運模式持續取代傳統產業流程的同時，它們也消除傳統的營運限制，這也是新一代公司能夠以空前速度成長至空前規模的原因。螞蟻集團服務的顧客比最大規模的傳統銀行多出數十倍，臉書提供新聞與資訊服務的對象數目，則是美國郵政系統服務人數的十倍。

此外。數位規模驅動愈來愈多種類的主要流程，不僅影響營運效率與經濟報酬，也影響社會與政治活動。從亞馬遜到微信，數位營運模式改變廣大範圍與種類的人際互動。相關資訊幾乎以零邊際成本，透過網路即時傳輸給無限數量的接收者，並由無限的雲端運算快速處理。從針對式產品的推薦，到個人化廣告，許多經濟、社會、與政治活動的促進力透過數位規模驅動下毫無阻力的運作。

不過，如同許多工程師所認知的，去除摩擦不一定是好事。無摩擦系統往往不穩定，而且很難找到平衡點，就像一輛沒有煞車系統的車子，或是正在滑行卻無法減速的滑雪者。無摩擦系統一旦啟動，就難以停止，同樣的道理也適用於病毒式散播的迷因（meme）。一個數位訊號一旦啟動，可以幾乎以無限規模與範疇的、快速的傳遍網路，訊號一發出，就幾乎不可能止住，就算是首先發出此訊號的組織，或是控管網路中重要樞紐的組織，都無能為力。想想基督城槍擊事件發生後，儘管臉書和Google拚命努力，那部影片仍然有數百萬個轉貼數。

很顯然，無阻力的流程可能引發大問題。假新聞可以用極快的速度傳送至各種平台上供數十億人觀看，還可以透過優化加速其影響力及點擊率。如同基督城槍擊影片的例子所呈現的，縱使特定內容被一個社群網路禁了，各種變化版本仍然可以在網際網路上被傳播、被按「讚」、被轉發。在往昔的報紙年代，根本難以想像網路這種廣大的觸角與影響力。因此，無摩擦的、人工智慧驅動的流程可以作為資訊與意見的強力擴大器，當然也可以作為偏見與攻擊的強力擴大器。若你想發送一個訊息，沒有什麼是比這個更好的途徑了，把可調音的、可量身打造的內容傳播給數十億人，達到你的目的。可是，行銷者的天堂也可能是民眾的夢魘。

無摩擦的營運模式使公司能夠以空前速度擴大新事業的規模，在確定產品與市場適配性後，就能繞過組織擴大規模的傳統界限，用戶數、用戶投入程度及營收都能以空前速度成長。但是，創造空前價值乘數的同時，數位規模、範疇及學習也創造出種種新的領導與治理挑戰，而且，目前的機構與制度往往無法及時進行以調適與應付這些挑戰，它們不僅難以招架快速變化的知識庫，也未能展現必要的靈敏反應力。

規則五：集中化與不均等問題可能更加惡化

跟工業革命一樣，轉型也驅動財富的重新分配與集中化，不過這一次，數位網路的力量使得這些現象更加劇，這些網路的演進使得交易與資料流集中，從而促進力量與價值的集中。

伴隨數位網路中的交易量成長，網路樞紐的重要程度也提高。前面章節已經討論過Google、臉書、微信、百度之類的樞紐公司，它們使消費者、公司及整個產業彼此連結，一旦一個樞紐在經濟體系中的一個領域做到高度連結（例如民宿業中的Airbnb，或點對點零售業中的阿里巴巴），它就可以在連結至一個新領域時享有重要的優勢（例如Airbnb在旅遊體驗這個領域，或阿里巴巴在金融服務這個領域）。這些不是新趨勢，但近年間，數位連結大大加速轉型速度及提升數位樞紐重要性的程度，已經完全超出我們的想像與預期，一個又一個的產業圍繞著少數幾個樞紐而整併，組織被徹底改造。

這種力量與財富愈來愈集中於網路樞紐的壓力之外，還有數位取代勞力、能力侵蝕、技能過時等種種挑戰。愈來愈集中化的型態造成不均的惡化，不僅工作者之間的不均，還有公司之間的不均，這進一步在各市場、產業及地區切割財富、力量、與關聯性。這種現象自然導致一種普遍的不均、挫折及憤怒感，尤其是在特定區隔與地區。這些反作用當中有許多也見諸工業革命時期，但我們不禁要懷疑，在目前趨勢的規模、速度、與衝擊力顯然空前的情況下，潛在的影響可能比工業革命時期更大。

新與舊的脆弱性

工業革命時代實業公司的崛起，為現今的轉型型態提供一個有趣的對照，不難想像我們所處的新時代可能驅動重大程度至少如同工業革命時期發生的經濟與社會變遷。而且，拜閃電般的通訊速度和全球經濟的緊密連結所賜，這些經濟與社會變遷的發生遠遠得更快、更全面。

經濟的數位化顯然已經通過一個轉折點，伴隨數位型公司繼續擴大它們的影響力，我們開始看到公眾信任度與凝聚力顯著下滑，明顯的分裂跡象已存在多年，占領運動（Occupy Movement）及黃背心運動（Yellow Vest Movement）正是這種跡象的兩個例子，這顯示我們可能太瘋狂執迷於數位創新及其巨大價值。著迷於興旺的股市、聲控的住家及無人駕駛車，我們可能喜歡且享受著新時代的驚人潛力，但是，完全不受限的數位型營運模式創造出的種種挑戰也變得很明顯，從擴大經濟不均，到強化極端的政治觀點，到使我們所有人可能遭到壞蛋的攻擊。政治人物、主管機關、甚至一些科技業領導人時而不智的反應，增添這些挑戰的壓力。

這些趨勢聚合起來，顯露威脅社會中一些最重要的制度的深層脆弱性。伴隨工作的本質被軟體與演算法重新定義，產業與市場的策略動態改變，我們開始看到廣泛的影響力。加劇的經濟不均、普遍的新聞偏見、赤裸裸的政治操縱、工作流失與轉型的挑戰、網路戰的威脅，把這些匯集起來，就能明顯看出我們正在應付一個可能爆炸的化合物。

面對這些不確定性需要的是絕佳的靈敏度與彈性。所幸，許多最優秀的領導人已經從一心一意聚焦於提高股東價值，轉向關心員工、顧客、事業夥伴及整個社會的疑慮。伴隨數位轉型的加速，這些考量將必須擴大延伸，例如，在「更明智的利害關係人管理」中有關於員工這個部分，光是對員工進行再訓練還不夠。我們現在再一次面臨伴隨價值創造、攫取、與遞送方法轉型而來的社會失序，為了應付這些變化以及它們導致的所得、影響力及力量重分配，將需要更廣泛的管理與政策考量：從創造性、針對性的投資，到為那些沒落的專長領域或地區創造工作機會，到考慮提供全民基本收入保障等等。由於領導者的決策愈來愈影響整個社會的演進，他們可能不再那麼受到華爾街（Wall Street）的評價，改而更受到主要大街（Main Street）的評價。

拜倫勳爵為盧德份子辯護的以下這段話，可以為我們提供有用的指引：

> 可是，如果能夠在這些暴動的更早階段舉行會談，如果這些人以及他們的雇主的委屈

不滿（僱主也有他們的不滿）被公平的考量、被明智的檢視，我想，或許就能想出方法讓這些工人重返他們的職業，使國家恢復平靜安穩。6

盧德份子出現於現代公司的形式建立之時，現在，已開發經濟體中的多數人每天在現代公司的體制中生活與工作，人工智慧時代的來臨再一次創造出嶄新的規則，現在，是我們再一次展現智慧的時候了。

身為領導人該如何應付這些新挑戰？第十章將提供一些建議。

第十章

領導者的使命

如果你的所有研究、所有學習、所有知識不能產生智慧，又有何用呢？

——班克斯（Iain Banks）科幻小說《武器浮生錄》（*Use of Weapons*）

面對現今豐沛的資料、分析與人工智慧，我們往往感到自己的管理智慧有所不足，原因或許在於人工智慧時代的新規則正重新定義公司。過去習以為常的假設似乎不再適用，組織擁有的資產與技術、管理組織所需的工具與能力都在急遽改變，而且新科技的功能與應用範疇仍在持續擴張。隨著資料、分析與人工智慧導入營運流程並驅動愈來愈多管理決策，「公司」的概念正不斷演變。這樣的發展不僅改變管理者的任務，同時也創造出各種全新的機會。我們曾經取得許多重大成就，但現在顯然仍有一些東西需要學習。

人工智慧時代帶來一個明確使命，簡單來說就是：我們必須找到更明智的方法去領導日益數位化的公司。我們擁有良好的生產技術，也已經再造生產活動以跟上摩爾定律的轉變速度。然而在抓住更多機會的同時，我們還必須找到更好的方法來管理組織不斷創造及部署的新資產與新功能。

這個使命不限於特定類型的公司，無論組織型態新舊都一體適用。不論你是在大型企業、小型新創公司、監管機構或圍繞著上述組織的社群中工作，當我們領導一個日益數位化的組織時，同樣有一些必須完成的任務。以下介紹發揮領導者使命的四個關鍵領域。

轉型

在前面各章中，我們已經探討許多有關轉型的事情。轉型必須由組織最高層級開始，激勵並培養領導幹部共同投入艱苦的組織轉型工作。我們已經沒有理由繼續故步自封、繼續沉湎於組織過去的優勢與能力、繼續漠視新營運模式早已席捲各個產業及領域。如果我們期待著一個更好的未來，每個企業及經營團隊都應該盡其本分，任何組織都不該裹足不前。

什麼才是企業數位轉型的明智途徑？這個問題似乎一點也不難回答，如今每個人都能從雲端服務取得相關技術、有許多專家可以協助進行部署，還有大量文章、書籍與線上課程介紹如何應用。然而真正困難之處在於組織本身，也就是必須真正改變組織營運架構，建立適合的技術、能力與文化，來驅動一個日益數位化的營運模式，誠如我們前面介紹過的關鍵數位轉型步驟。我們知道理論與實務之間往往有所差異，但現實是數位轉型已經在每個產業快速蓬勃發展，企業已經沒有選擇不轉型的餘地。儘管前方困難重重，依然必須有智慧的採取管理行動。

然而，即便我們已經了解領導者肩負的管理任務，但培養行動智慧依然是個嚴峻的領導挑戰。談變革很容易，但隨著傳統封閉塔式結構的瓦解，權力關係將發生變化，某些部門與技術可能會失去原本的重要性。領導者能否全力以赴、堅定持續引領變革，攸關轉型工作的成敗。

我們經常看到一家傳統型公司投入轉型並開啟先導試驗或示範計畫，但後續卻無法啟動實質轉型，尤其是當組織內部開始明顯意識到現狀可能被迫改變。這時就算確實啟動轉型，那些不明白轉型好處的人往往會設法拖延變革的腳步。當經理人無法察覺所屬產業中發生的架構轉變，或是不願意挑戰現狀時，轉型往往就會招致失敗。從手機製造商（諾基亞、摩托羅拉、黑莓機）、影片發行與製作公司（百視達、維亞康姆）到零售商（購物商場、大型實體零售店），在他們的轉型過程中都能看到同樣的失敗軌跡。

縱使經理人認知到組織架構亟需改變，並且願意投入必要資源去貫徹執行，他們仍然可能面臨強大的逆風。奇異公司遭遇的挑戰十分值得警惕，這家公司雖然投資數十億美元成立奇異數位（GE Digital），集團早期的成功更令許多人（包括我們在內）讚譽有加，卻未能產生持久或普遍的轉型。

奇異數位遭受種種問題的羈絆。例如它的技術被認為缺乏讓客戶和其他奇異事業單位廣為實行所需的可靠性、穩定性與開放性。當奇異數位成長為一個獨立的利潤中心（也就是最高層級的事業單位），而且愈來愈被幾個奇異的事業單位視為競爭對手時，這種情況更加惡化，這些單位沒有採用奇異數位的技術，也沒有提供必要的支援，尤其是在銷售方面。此外，奇異公司斥巨資收購阿爾斯通（Alstom）旗下的幾個事業，再加上奇異電力（GE Power）面臨重大財務問題，證明奇異公司分心將資源轉向這些事務。

企業啟動轉型後，需要領導人激起眾人全力而持續的承諾才能成功，這件事並不容易，縱使投入數十億美元，也未必能夠把一個分裂的組織重新團結起來。這種時候，開明且堅定的領導就會帶來改變，正視部門間壁壘分明的局面並試圖建立橋樑，做出準確決策以了解部門在哪些環節上鬆脫了，立即採取行動做出必要改變。沃達豐（Vodafone）推動數位轉型時的執行長柯勞（Vittorio Colao）這麼說：

> 現在刮起強勁的新風潮：資料分析、自動化與人工智慧，這些風潮不會以完全相同的方式吹向所有組織。在我的船隊中，一些船的速度會加快，其他船的帆較小，無法獲得相同的動能。問題在於，你是讓每艘船以自己的速度航行，就像我們一開始這麼做，抑或你想要調整船隊，納進一個大計畫裡，這是我們現在試圖做的。調整所有船隻對組織有幫助，但你也可能迫使它們以線性速度前進，最終被顛覆破壞者打敗。[1]

我們要強調的是，並非只有傳統型公司面臨轉型的領導挑戰。本書中我們已經一再看到，每一個樞紐公司必須轉型以求生存，而且必須一再這麼做。基於商業模式固有的高風險，例如臉書社群或螞蟻集團網絡的資產隱私，數位型組織的領導人必須透過轉型，為自身的商業模式及營運模式建立安全、健全與持續的深度基石。

我們也要強調，領導的概念不應該局限於組織的高層，機會與挑戰實在太大，因此應該鼓勵每一個人都做出貢獻，尤其是培養以數位為核心的公司人才。幾個優異人才就能改進我們所有人仰賴的臉書演算法，或是安裝軟體修補程式，使易速傳真公司存放的資料變安全。此外，我們當然也不能忽視組織中最資深員工的影響力，但也必須讓他們了解，任何人都可能扮演下一個重要的領導角色。

在上述考量之下，我們需要教育、栽培與挑選一個世代的領導幹部作為新舊公司轉型的推動者。許多最優秀的經理人必須接受再訓練，學習與人工智慧有關的基本知識，以及在組織的商業模式與營運模式中有效部署技術的方法。他們不需要變成資料科學家、統計學家、程式設計師或人工智慧工程師，就如同每一個企管碩士班學生都必須學習會計以及運用會計於企業經營，但他並不一定會成為一位專業會計師，同樣的，經理人也必須對人工智慧及相關技術與知識具備基本的認識與了解。

領導者的資格應該從了解他們創造及領導的數位系統開始，並且充分認知到當這些系統出問題時，可能導致在組織、倫理、經濟、與政治層面的後果。我們要強調的是，數位型公司的優秀領導人也必須理解較軟性層面的課題，他們仍然需要嫻熟人性，了解當工作者和愈來愈數位的營運模式互動時將無可避免出現重要問題。經理人必須了解組織持續推動數位轉型時，所需要提供員工的鼓勵、賦能與文化。要訣在於一個整合觀點及一些歷史知識。一個領導人若只有深厚的技術知識、專長以及旺盛的創業企圖心，卻沒那麼嫻熟領導的人性面，以及其對於人員、組織與制度的影響，那麼就可能跟一位不了解數位營運模式、敏捷方法或人工智慧的傳統經理人一樣，雖然是個優秀人才，卻無法勝任這份工作。

創業

人工智慧時代的興起或許創造出人類文明史上最好的創業機會。數位轉型的範圍廣大，只需要看看傳統流程、情境與使用慣例，就能了解一項以人工智慧為基礎的數位賦能解決方案如何把它們執行得更好：看看內容是如何製作與傳播，醫療保健服務是如何獲得改善，器材與設備是如何開發、製造、部署與維修，新聞報導是如何產生，你就能看出這個世界充滿各種創業機會。

本書中談到的許多挑戰，提供更多的創新與創業機會，從確保網路安全到避免演算法偏誤，從打擊假新聞到創造工作機會，重大的技術突破與創新將是許多解決方案所需的重要部分。所幸，如前文所述，創新成本已經顯著降低，數位技術的無所不在，幾乎任何人及任何地方都能隨需求取得電腦運算力，而且大都可獲得開放原始碼軟體及硬體工具，這些已經使得創新的力量大眾化。

不過，在探索與評估機會時，別只是探索需要的可行創新技術，或是可規模化的新創營運模式，通常需要更深入分析，以充分了解與評估新創的商業模式，以及往往很難弄清楚的競爭關係。優步是一個經典的例子，這家公司虧損很多年，首次公開發行（IPO）的公開說明書中甚至警告投資人公司可能**永遠不會**賺錢，這一切還是發生在它已經吸引近兩百五十億美元的投資資本之後呢！[2]

前文已經討論過優步的競爭前景，它的商業模式無法避免多歸屬現象及群聚效應的挑戰，所以可能總是要面對來自各方的激烈競爭（參見第六章）。優步等共享汽車服務商呈現一種弔詭的現象：它提供的服務確實使消費者剩餘增加（誰不想在五分鐘內就叫到車呢），也為上百萬名司機提供就業彈性；然而，投資在一個可能永遠不會賺錢的商業模式，又只能對社群裡的人提供相當有限的就業機會，甚至可能導致市中心交通壅塞而增加環境與交通上的外部成本，實在很難說是一種明智的做法。

對於明智的領導人而言，在追求財務報酬及事業成功的同時，也應該為所接觸到的人們創造更多機會、讓社會大眾的生活獲得實際改善。因此明智的領導人願意深入理解日益數位化的公司如何影響周遭社群，並且思考更深層的社會與倫理議題。根據我們的觀察，已經有許多領導人將大量資源投入資料研究及數位技術的發展；然而截至目前為止，很少有領導人投入同等的關注及資源，去了解他們的商業模式及營運模式背後更為隱微深遠的影響。因此，我們認為領導人所應正視的挑戰是：如何覺察數位型公司為周遭世界帶來的外部影響，並將這些影響充分的內部化。

對區塊鏈的投資就是一個很好的例子。區塊鏈具有根本性的影響力，以區塊鏈為基礎或延伸創造出的架構，很可能是數位化與人工智慧浪潮所引發眾多問題解決方案的重要部分。[3]區塊鏈領域體現廣泛的實用方法與技術，包括分散式帳本（distributed ledgers）、智能合約（smart contracts）、加密貨幣、點對點網路等等。不過，要在複雜的產業與制度環境的背景中運作，以區塊鏈為基礎的**商業**模式必須反映新思維。儘管前景無限，但截至目前為止，除了金融投機功能之外，區塊鏈充其量只發揮零星且相當有限的影響。

如果企業領導人能夠重新形塑區塊鏈技術，至少幫助它進行轉型、讓它符合現有的規範與制度，區塊鏈才可能發揮出原本應當具有的持續性影響力。區塊鏈發展臻至成熟後，從不可被篡改的智能合約，到新聞追蹤及供應鏈監督等，各種技術可能會被個別分拆並加以修改應用，以滿足廣泛需求。因此，我們需要重大的商業模式創新來驅動每一種區塊鏈技術的成功。區塊鏈技術或許真的有助於改善傳統科層化組織的效率不彰，但這一刻肯定不會太快到來。

獨特、靜態的資產與能力可以創造競爭優勢，而且競爭優勢往往可以持續數十年而不被顛覆，這樣的年代已經過去了，現在的領導人必須應付持續不斷的變化，這些變化經常形成衝撞，威脅到他們領導的組織本質和競爭市場的本質。除了轉型，創新與創業將提供一條重要活路，創業智慧愈優秀，就會為我們所有人帶來愈好的成果。

監管

主管機關拚命想要趕上技術的演進。他們在致力於反托拉斯及隱私等領域，現在看來已經做出重要貢獻，努力促進數位型公司的審查與當責。此外，地方政府也開始介入，例如對優步及Airbnb的監管。伴隨人工智慧的影響繼續增加，我們將看到許多政府層級做出更普遍的監管，影響所及遍布各個領域，例如交通安全、種族偏見等等。

主管機關的關注焦點大多擺在日益增加的隱私監管需求，歐洲率先在二〇一八年推出「一般資料保護規範」（General Data Protection Regulation，簡稱ＧＤＰＲ），幫助個人控管組織如何使用他們的個人資料。最重要的是，GDPR制定基本的資料保護原則，例如匿名化、存取及刪除權，賦予個人對自己的資料擁有所有權。

GDPR以預設方式施加嚴格控管，消費者必須選擇退出，才能解除這些控管中的任何項目，這自然對每個人的資料做到某些程度的保護。不過，也有不少人擔心，能夠對GDPR做出最有效因應的將是大型科技公司，因此，將會提高創業型新創公司的成本，強化大公司的支配力。

此外，反托拉斯這個主題的議論愈來愈熱，尤其是針對數位型樞紐公司。一些主要的反托拉斯行動大多發自歐洲，針對幾家公司像是一九九〇年代末期和二〇〇〇年代初期針對的是微軟，近年針對的是Google。過去幾年，歐盟以Google在搜尋服務及安卓作業系統的反競爭行為，對該公司祭出高額罰款，雖然歐盟的市場競爭主管機關或許達到許多原始的目的，但是，對於充滿新類型深度根源問題的經濟來說，罰款是不是最有效的矯治手段並不明朗。針對侵犯隱私及違背反托拉斯法這兩個領域，研擬適當且有效的矯治措施具有高度挑戰性，也是一個值得廣泛辯論的重要開放性議題。

這些活動不應由主管機關獨自進行，樞紐公司已經認知到，它們必須和政府共同研議法規與政策的制定，我們也不認為會再度看到一九九〇年代微軟大剌剌的槓上反托拉斯執法當局的情形。包括蘋果、微軟、Alphabet（Google）、臉書、阿里巴巴在內，科技公司已經漸漸發展出老練的能力，幫助促成結果。儘管這些公司明顯著重在政治遊說與定位，它們也認知到真誠合作的重要性，公司可能會犯錯，政府主管機關也一樣，他們沒有一個完美的水晶球去修改自己沒有充分了解的制度與組織。

不過，合作只是第一步，現實是，影響我們新數位經濟的許多問題真的很難矯治。光是如何定義「不均」、「隱私」、「偏見」，就已經夠困難了，更別提該如何解決。再者，這些挑戰中提供的是移動式標靶，而且無論在短期與長期都會不停變化。因此，除了個別監管，最重要的解決方法或許是設立合作架構與策略，在展現監管力量的同時，也可以有專家的持續參與，幫助監視情況，激勵這些公司做出必要改革，得出可能的解決方法，共同驅動重要的監管創新。

社群

在制衡數位型公司方面，社群成為愈來愈重要的輔助監管力量。

社群對軟體產業的影響有很長的歷史。Linux作業系統的持續發展與演進是科技史上的一個重大突破，不同於其他被廣為使用的重要軟體程式，Linux完全由全球的工程師社群架構、開發、部署與支援，這個組織非常有條理，有明確的角色與職責提供明確的治理，並對自己所做的貢獻與錯誤負責。

這一切內建於一個由數萬名社群成員驅動詳盡而分散式的測試流程。Linux作業系統是可以在GNU通用公眾授權條款（General Public License，簡稱GPL）下授權而免費取得的自由軟體，這保障以此自由軟體衍生出的任何產品也將可以免費取得。開放原始碼軟體吸引無數人的熱情與想像力，他們參與改進全球各地的軟體，他們受到種種誘因的激勵，例如技能發展、公司指派的工作、自己的樂趣、聲譽的建立、社群與共同的理想等等。

現在，Linux是最為盛行的雲端作業系統，廣受企業支持，可以按照需求在各大雲端平台取用：亞馬遜網路服務（AWS）、微軟蔚藍（Azure）、Google雲端（Google Cloud）。此外，開放原始碼軟體方法的變化版本被用於各種計畫，有網路伺服器，例如阿帕契（Apache）；有瀏覽器，例如火狐（Firefox），火狐原本是由網景公司（Netscape）打造，名字是「領航員」（Navigator），後來以開放原始碼授權的形式釋出，現在由謀智公司（Mozilla Corporation）管理。開放原始碼軟體產生大量流行的產品，像是資料庫，例如MySQL；使用者介面庫，例如REACT（原先由臉書公司建立）；現在近乎無所不在的機器學習框架TensorFlow，原來是由Google建立，現在已經開放原始碼。

開放原始碼的方法成效遠遠超越軟體開發領域，克雷格分類廣告網站（Craigslist）把開放方法應用在線上分類廣告上，多年來在各種領域稱霸，後來被無數專業型網站仿效，包括優步及Airbnb。不過，最重要的例子應該是維基百科（Wikipedia）。威爾斯（Jimmy Wales）和桑格（Larry Sanger）在二〇〇一年創建維基百科，這是一個全球線上百科全書，有三百多種語言版本、數千萬個條目，每日吸引近十億造訪者。

維基百科的治理與許多開放原始碼的計畫相似，有個明確的組織、清楚的角色與責任、以及明確的當責流程。維基百科雖然已經是全球最廣為使用的百科全書，一直致力於避免不正確與偏見，它有個很好的優點是，如果你認為一篇條目不正確，你可以進行修正，但你做出的改進必須遵守開放與透明的編輯流程。

維基百科的編輯流程受到許多研究的肯定。例如，哈佛商學院學者葛林斯坦（Shane Greenstein）與同事朱峰、顧媛共同回顧維基百科數千個政治敏感性條目的政治偏見演進，發現開放編輯不僅能夠有效降低條目中的偏見，連編輯者本身的偏見也愈來愈少，因為他們把社群的回饋內化了。[4]哈佛創新科學實驗室的泰普利斯基（Misha Teplitskiy）及其他研究夥伴也指出，維基百科透過任何人都能自由參與的分散式編輯流程，讓不同立場觀點得以多元並存，因而有助於產生更高品質的內容。[5]

一個社群有潛力引導解決新一代的問題，社群能夠累積強大的資產與動力，去戰勝數位型營運模式帶來的挑戰。在Linux發展的整個歷史中，Linux已經證明它在面對操縱及網路攻擊時具有較強的復原力；TensorFlow在數百個國家驅動機器學習；維基百科條目中的偏見通常在幾天、甚至幾小時內就獲得修正。在現今世界，這種穩健程度、全球觸角、透明度與反應靈敏度很重要，而這些特質很難透過傳統科層式組織的管制來展現。仿效開放原始碼（Open Source）社群、但或許有更廣泛、更強大使命的新型組織可以扮演重要角色，幫助解決數位經濟與社會面臨的許多問題，例如演算法偏誤、假新聞等等。誠如開放原始碼運動倡導人雷蒙（Eric Raymond）所言：「有足夠的眼睛，就能使所有問題一一浮現。」

社群精神不局限在活躍的個人，阿帕契、Linux與謀智等基金會的集體工作與努力可茲為證，產業內及跨產業的大小公司可以和其他公司、非營利組織與個人通力合作，開發、維修、推廣與保護種種重要的軟體產品與技術。這種模式已經在許多場合中被效法，包括內容及人工智慧研究，社群智慧是不容忽視的一項資產。

我們認為，為了經濟的健全與繁榮，社群所扮演的重要領導角色必須受到保護與改進。未來，在思考對樞紐公司的監管制衡以及考慮新政策與監管規範時，都應該把社群納入考量。增加投資在引導群眾及創新社群，利用開放原始碼計畫的公正與動態治理制度，驅動我們已經目睹多年的那種監督、即時反應與長期改進，這些都是值得去做的事。群眾與社群能夠顯著改善及擴展監管與政策制定當局的影響力，把執行及反應機制推向新的反應與創新水準。

集體智慧的領導

了解數位轉型的重要性不僅對維持公司績效很重要，對制度的保護也很重要。人工智慧時代的新型營運模式把各個產業、國家、市場及政治派系聯繫起來，這可能導致變得重要到不容忽視的相互依存性，也引發對新型集體智慧的需求。

伴隨數位型公司減少人為摩擦，去除傳統的內部瓶頸，跨社群與組織的複雜相互關係變得很重要。很常發生的情形是，剩下的唯一限制是一種突然、集體新型失敗，我們已經看到許多公司價值突然受創的案例，例如臉書與推特的假新聞及隱私危機，以及龐大資料被竊（例如易速傳真和雅虎的例子），每個事件都影響到數億、甚至數十億的消費者。螞蟻集團的投資帳戶吸收中國人口一大部分的儲蓄，這對一個員工人數相對較少的組織領導人形成龐大的責任。

人工智慧賦能的社會與經濟網絡的集體動力將改變管理及領導的觀點，在集體效應變得愈來愈重要之下，數位型公司的表現將愈來愈取決於它們對我們其他人的影響，而非僅取決於影響管理成效的傳統因子。這使我們必須重新檢視傳統的經營管理理論，在關注經營管理對單一家公司的影響之外，我們應該更加注意經營管理對這家公司所仰賴及貢獻的龐大經濟與社會網路的影響。公司往往把它對社會的廣大影響視為二階效應，通常是事後才去討論的一個主題。

數位型公司對全球經濟的影響愈來愈大，它們的經營管理必須以不同的標準問責。儘管它們以個別企業的身分競爭，但每一家數位型公司都因為集體的成就受益或受害，這些集體成就像是改善隱私、去除新聞偏見與操縱、或設立有效的制度去鼓勵與重新訓練被技術取代的工作者。

在面臨重大事業決策時，經理人經常背棄共同觀點。高階主管縱使表面上擁抱以人工智慧驅動及數位連結的經濟概念，他們往往總差臨門一腳，沒有做出優化自家公司績效以外的決策。他們常堅持自己的系統比競爭者的系統好，忽視兩種系統相互連結的可能，可以共同驅動集體改善的現實情況。例如，臉書、Google與推特的領導人如果設法共同建立一個機制去監控及處理許多具有爭議性內容（例如真相與偏見），那麼不僅是企業以及所有使用者都會因此受益。社群與主管機關也可以幫忙，例如訂定共同原則或發展開放的數位技術與平台。也可以成立一些組織，例如幫助實現人工智慧集體前景的非營利組織「人工智慧夥伴」（Partnership on AI），就為未來的研究與合作提供一個大有可為的模式。[6]

如果我們認真看待「一個經濟網路」的概念，這個類比應該可以促使我們超越傳統的競爭理論，更先進的了解公司間的動態。我們已經在前文中探討過個別組織應該如何善加利用及形塑它們連結的競爭環境，也討論過重要資產與能力，並且描述一個部署它們的營運模式。

不過，我們認為想要實現這些概念的充分潛力，仍需要在更深層的理念上做出改變。個別公司的存亡興衰取決於它們的生態系集體健全，它們在進行事業決策時，應該深切的納入這些重要考量。就如同臉書執行長祖克柏深切了解到，如果在這家公司仰賴網路裡的成員愈來愈感到失望與疏遠，公司的成功就無法延續。一家公司的網路健全性，以及它肩負的責任，界定出在競爭中的新領導智慧。

上述使命的重擔，大部分將會落在少數樞紐公司的肩上。Alphabet（Google）、微軟、臉書、阿里巴巴、亞馬遜與騰訊等公司在我們的社會中扮演極重要的角色，對我們的經濟與社會制度有極大的影響，想想，區區幾千人就影響在亞馬遜及阿里巴巴平台上購物、用支付寶及PayPal付款、或是在微信及臉書平台上通訊的數十億人的命運，著實令人驚嘆。雖然歷經一些挫折，這些組織已經成功把它們的網絡建設成強大且富有適應力的生態系，它們截至目前的成就值得讚譽。但很重要的一點是，從一個機會開始、以一個聰明有效的策略持續經營的事業，如今變成一個重要的領導責任。

今日的我們正生活在經濟史與社會史的一個重要時刻，伴隨數位網路與人工智慧愈來愈左右我們的世界，我們已經看到組織本質的徹底轉變，數位的規模、範疇與學習帶來了一系列的挑戰，採用數位營運模式的組織擁有巨大的潛力與機會，但是在此同時，也必須

考量可能造成的潛在威脅。不過，儘管有這新興的數位自動化，我們似乎還不能拋棄管理學，我們面臨的挑戰太大、太複雜、太難掌握了，光靠技術無法解決。要引領走過這些變動時期，將需要新型的管理智慧，引領組織從大規模公司走向新創事業，從監管機構走向社群。

我們希望本書提出的觀點能引發新思維，促成對這些重要動態變化的辯論，它們對社會各個領域有著重要的意涵。更重要的是，這些討論將影響一個世代領導者的思考。但願明天會更好。

致謝

知道你的無知，這是邁向啟蒙的第一步。

——羅斯弗斯（Patrick Rothfuss），《風之名2：智者之懼》（*The Wise Man's Fear*）

本書源起於一些舊時的辯論，我們兩人都參與過這些辯論，像是製造業對於公司競爭力的影響；公司的策略是否應該受限於它的能力；技術性顛覆破壞對公司營運單位的威脅。七年多前，我們開始意識到這些辯論漸漸失去意義，因為我們忽視一件重要的事：挑戰並不在於任何一家公司漸漸失勢或被顛覆破壞，基本上在各種產業，不論是旅遊業或農業，所有公司都在經歷相同的挑戰。在我們的經濟體系中，有一項最根本的東西已經改變，那就是公司的性質正在演變。由資料、分析、及人工智慧驅動的「數位型公司」誕生了，它運用數位網路的廣大力量，甚至定義了這個時代的經濟。這些公司以不同的方式去完成操作性工作，去除百年來限制規模、範疇及學習上的瓶頸。

感謝一路以來啟發這項洞察的良師益友與同事們。我們對傳統型營運的了解受到一些傑出思想家的影響，例如Wick Skinner、Bob Hayes、Steve Wheelwright、Kent Bowen，他們的學術生涯致力於論述公司能力的重要性。Carliss Baldwin及Kim Clark的著作《設計規則》（*Design Rules*）啟發我們對現代經濟的了解，這本書說明資訊科技如何改造經濟，使網路從區分、個別的產業轉變成一個由模組部件（modualr components）構成的群集網路。我們在創新、網路及社群方面的看法受到Eric von Hippel的影響，他指導我們，一路帶領探索技術的「黑盒子」。Mike Tushman、Linda Hill、和Tsedal Neeley提供我們在推動數位轉型時必然面臨的組織及文化挑戰的傑出洞察。我們的教練Jen Cohen給予重要的提醒，使我們保持務實，做好迎接新挑戰的準備。

特別感謝楔石策略公司（Keystone Strategy）的團隊，我們一同在數百項計畫中合作研究，這些成果影響無數組織，並在各種產業中推動數位轉型概念。Greg Richards經常提供富有創意的見解，Jeff Marowits為我們提供深富見地的建議及種種重要評論，Ross Sullivan在許多計畫中指導我們，並產生許多富有思想的見解與例子。在此也要大大感謝Rohit Chatterjee、Dan Donahue及Sam Price，在我們把本書內容概念化與實現化時提供的重要見解與回饋。微軟公司的Tom Kudrle、Sean Hartman、Diane Prescott，以及我們的朋友Henry Silva、Seyla Azoz都以無比的心力與熱忱，向我們提供許多重要見解與貢獻。我們也特別感謝Jack Carwell和Jessica Solomon提供的絕佳洞察及例子（如網飛、沃爾瑪等等）。是楔石策略公司團隊使這本書變得生動有趣。

哈佛商學院為我們提供一個獨特的平台，讓我們在穩固的基礎上盡情發展研究。院長Nitin Nohria的持續支持與鼓勵，是我們的工作得以開花結果的重要助力。Youngme Moon在我們研究的歷程中提供極大的幫助。哈佛商學院的多位資深副院長及研究主任使我們能夠深入探索不同的主題領域，他們分別是：Srikant Datar、Jan Rivkin、Leslie Perlow、Mike Norton、Cynthia Montgomery、Teresa Amabile。由Carin Knoop及Kerry Herman領導的「哈佛商學院個案研究與撰寫團隊」（Case Research and Writing Group），在個案發展方面提供卓越支援，驅動我們的研究旅程。Julia Arnous是我們構思、研究與撰寫本書的研究助理，對本書貢獻卓著。最重要的是，我們的學術議程與影響受惠於「哈佛商學院技術與營運管理組」（Technology and Operations Management Unit）全體教職員的啟發，在此致上由衷的感謝。特別要感謝朱峰，他的轉型研究以及對網路與平台的洞察，對我們的思考大有幫助，也直接影響本書的許多章節。Shane Greenstein的獲獎著作加深我們對網際網路史的了解，他寫作的多篇文章促成後續人工智慧型新創事業的傑出個案研究。在我們擔任「哈佛商學院數位行動計畫」（Digital Initiative）主任的教職員及參與的客座人員，是我們持續獲得智識的源頭，為我們提供目前組織數位轉型重要層面的許多線索。

過去十年，我們的研究成果都發表在「量化社會科學研究中心」（Institute for Quantitative Social Science）的「哈佛創新科學實驗室」（Laboratory for Innovation Science，簡稱LISH）、美國太空總署挑戰巡迴賽實驗室（NASA Tournament Lab）及群眾創新實驗室（Crowd Innovation Lab），讓我們得以和夥伴齊力解決創新挑戰，同時也進行嚴謹的社會科學研究。感謝在我們的實驗室裡共同合作的太空總署同事Jason Crusan、Jeffrey Davis、William H. Gerstenmaier、Lynn Buquo、及Steven Rader，這段合作經驗讓我們認識到人工智慧演算法在解決一些最棘手的太空科學問題上展現的效果。也感謝我們和Topcoder公司的合作關係（Jack Hughes、Rob Hughes、Mike Morris、Andy LaMora、及Dave Messinger），使我們能透過該公司培養的優異眾包社群，解決人工智慧創新挑戰。LISH是一個獨特的合作關係，有來自全哈佛大學的合作者，特別感謝哈佛醫學院的Eva Guinan及哈佛工程與應用科學學院的David Parkes，使我們的研究工作具有技術嚴謹性，而且聚焦於實務。LISH的全體人員、研究員、博士後研究生、博士班學生及座客人員

（包括 Jin Paik、Michael Menietti、Andrea Blasco、Nina Cohodes、Jenny Hoffman、Steven Randazzo、Rinat Sergeev、Mike Endres）激發我們的工作創新、研究洞察，非常感謝他們的貢獻與努力。在此也感謝我們的助理 Karen Short 及 Lindsey Smith，幫助維持我們的工作有條不紊、均衡及生產力。

非常感謝 Melinda Merino 及哈佛商業評論出版公司優異的出版流程，鼓勵我們將本書聚焦於人工智慧領域的快速變化。同時感謝 John Sviokla、Vladimir Jacimovic 以及 Jeff Marowits 對本書提供很有助益的重要評論，大大改善本書能見度。Vladimir 幫助我們了解ＡＩ工廠的概念，使我們振奮於ＡＩ工廠對現代營運模式的巨大影響。

感謝 Amy Bernstein 協助將本書的概念具體化，她不畏艱難，與我們同甘共苦，溫柔但堅定的指引我們歷經探索與綜合的過程，幫助我們保持專注與幹勁，使本書得以順利誕生。Amy 是我們過去八年的學術思想夥伴，一直致力於鍛鍊我們讓思考歷程變得更完整、更精確、更簡潔俐落、更切中核心，沒有她，我們完成不了這些研究與著述。

最後，我們想感謝最親愛的家人。在我們致力於學術議程及本書的撰寫過程中，他們忍受我們離家多日，以及花費無數小時獨自埋首於電腦前工作。拉哈尼要感謝太太暨最好的朋友 Shaheen，在他投入一項又一項「酷計畫」時展現的耐心與智慧，她提供長久以來的支持及鼓勵、以及一個始終等待著他的家，確保拉哈尼安心致力於研究工作並收穫豐碩。女兒Sitarah使他對未來保持敬畏，激發他致力於使世界變得更美好的理想。母親Doulat為確保她的兒子獲得好機會而做出了巨大的犧牲，她是拉哈尼人生中恆常的支柱。

顏西提要感謝太太Malena的無限熱情與熱忱，Malena以無數的思考、文章及貼文，啟發他經常在本書書寫過程中自我提問，並聚焦於真正重要的課題。顏西提也感謝Julia的提問與質疑，並在所有爭論中提出「另一邊」的見解；感謝本書的「技術長」Alexander，使得顏西提的研究保持立基於實際工程，並啟發一些有關於人工智慧的實際影響的洞察。最後，顏西提要感謝Vanessa、Sua及小SJ（經常問：「顏西提在哪裡？」），他們在顏西提研究與撰寫本書的過程中，為他注入無限的活力、熱情及歡笑。

馬可．顏西提於麻州多佛鎮

卡林．拉哈尼於麻州劍橋市

作者簡介

本書中的內容與案例，來自本書作者長期以來的產業觀察與實務經驗。不論是個人或是與楔石策略公司同仁的合作，兩位作者都曾擔任許多公司的顧問或輔導工作，這些公司包括：微軟、臉書、亞馬遜、Alphabet（Google）、富達投資、萬豪酒店、奇異公司、優步、羅氏大藥廠及康卡斯特。本書作者顏西提曾以專家身分代表微軟、臉書、亞馬遜、美國司法部及歐盟競爭法主管機關參與許多法律事務。拉哈尼及哈佛創新科學實驗室（LISH）曾獲得來自太空總署、麥克阿瑟基金會（MacArthur Foundation）、阿諾德基金會（Laura and John Arnold Foundation）、施密特未來基金會（Schmidt Futures Foundation）、庫克基金會（Cook Foundation）、Linx 基金會（Linux Foundation）的資助。

顏西提及拉哈尼兩人都曾獲得「Google大學院校學者研究獎」（Google Faculty Research Award）的資助。兩位作者在哈佛商學院的主管教育課程及私下主管教育場合有豐富的教學經驗，並因此得以和本書中討論到的許多公司主管結識與交談。身為哈佛商學院教師，兩位作者也獲得來自此校的研究與教師發展部的研究資助。最後，兩位作者都擔任幾個組織董事會成員，拉哈尼是謀智公司、地方汽車公司（Local Motors）、新創公司Carbon Relay及VideaHealth的董事，顏西提是迪飛半導體技術公司（PDF Solutions）、新創公司ModuleQ及楔石策略公司的董事，他也是楔石策略公司的共同創辦人暨董事會主席。

註釋

作者序

1. World Health Organization, “Archived: Who Timeline—COVID-19,”April 27, 2020, https://www.who.int/news/item/27-04-2020-who-timeline---covid-19.
2. Moderna, “Moderna’s Work on a COVID-19 Vaccine Candidate,” 2020, https://www.modernatx.com/modernas-work-potential-vaccine-against-covid-19.
3. 所有引述都來自作者在二〇二〇年五月與六月和莫德納高階經理人的訪談。
4. 所有引述都來自作者在二〇二〇年五月與六月和麻省總醫院高階經理人的訪談。

第一章

1. 關於此影片，參見：https://nextrembrandt.com/.
2. Blaise Aguera y Arcas, “What Is AMI?” Medium, February 23, 2016, https://medium.com/artists-and-machine-intelligence/what-is-ami-96cd9ff49dde.
3. Jennifer Sukis, “The Relationship Between Art and AI,” Medium, May 15, 2018, https://medium.com/ design-ibm/the-role-of-art-in-ai-31033ad7c54e.
4. Clayton M. Christensen, *The Innovator’s Dilemma: When New Technologies Cause Great Firms to Fail* (Boston: Harvard

Business Review Press, 1997; 2013).

5. Bret Kinsella, "Amazon Alexa Now Has 50,000 Skills Worldwide, Works with 20,000 Devices, Used by 3,500 Brands," Voicebot.ai, September 2, 2018, https://voicebot.ai/2018/09/02/amazon-alexa-now- has-50000-skills-worldwide-is-on-20000-devices-used-by-3500-brands/.

6. 這一小節的標題靈感來自沃爾瑪總裁暨執行長董明倫（Doug McMillon）所言：「我們正邁向一家更數位型的公司。」

7. Lauren Thomas, "Sears, Mattress Firm and More: Here Are the Retailers That Went Bankrupt in 2018," *CNBC*, December 31, 2018, https://www.cnbc.com/2018/12/31/here-are-the-retailers-including-sears- that-went-bankrupt-in-2018.html.

8. 電子資料交換（electronic data interchange，簡稱 EDI）是供應鏈管理中使用的一種標準通訊協定；無線射頻辨識（radio frequency identification，簡稱 RFID）被用來追蹤物件，常用於供應鏈。

9. "JD.com to Launch 1,000 Stores per Day," *Retail Detail*, April 17, 2018, https://www.retaildetail.eu/en /news/g% C3% A9n% C3% A9ral/jdcom-launch-1000-stores-day.

10. 此為「WeChat, Xie Xie Ni」的直譯。

11. Jonathan Jones, "The Digital Rembrandt: A New Way to Mock Art, Made by Fools," *Guardian*, April 6, 2016, https://www.theguardian.com/artanddesign/jonathanjonesblog/2016/apr/06/digital-rembrandt- mock-art-fools.

12. 本書作者於二〇一九年一月訪談梅亞。

13. 楔石策略公司是一家聚焦於數位轉型策略與經濟課題的技術暨顧問公司。

14. Carliss Y. Baldwin and Kim B. Clark, *Design Rules, Vol. 1: The Power of Modularity* (Cambridge, MA: MIT Press, 2000).

15. Carl Shapiro and Hal R. Varian, *Information Rules: A Strategic Guide to the Network Economy* (Boston: Harvard Business School Press, 1998).

16. 詳閱 Jean- Charles Rochet and Jean Tirole, "Platform Competition in Two- Sided Markets," *Journal of the Eu ro pean Economic Association* 1, no. 4 (2003): 990–1029; Annabelle Gawer and Michael A. Cusumano, *Platform Leadership: How Intel, Microsoft, and Cisco Drive Industry Innovation* (Boston: Harvard Business School Press, 2001); Geoffrey G. Parker, Marshall W. Van

Alstyne, and Sangeet Paul Chaudhuri, *Platform Revolution: How Networked Markets Are Transforming the Economy— and How to Make Them Work for You* (New York: W. W. Norton and Co., 2016); Michael A. Cusumano, Annabelle Gawer, and David B. Yoffie, *The Business of Platforms: Strategy in the Age of Digital Competition, Innovation, and Power* (New York: Harper Business, 2019); F. Zhu and M. Iansiti, "Entry into Platform- Based Markets," *Strategic Management Journal* 33, no. 1 (2012); M. Rysman, "Competition between Networks: A Study of the Market for Yellow Pages," *Review of Economic Studies* 71 (2004); A. Hagiu, "Pricing and Commitment by Two- Sided Platforms," *RAND Journal of Economics* 37, no. 3 (2006); K. Boudreau and A. Hagiu, "Platform Rules: Multi- sided Platforms as Regulators" in A. Gawer, ed., *Platforms, Markets, and Innovation* (London: Edward Elgar, 2009); Eric von Hippel, *Demo cratizing Innovation* (Cambridge, MA: MIT Press, 2005); Shane Greenstein, *How the Internet Became Commercial: Innovation, Privatization, and the Birth of a New Network* (Prince ton, NJ: Prince ton University Press, 2015).

17. Erik Brynjolfsson and Andrew McAfee, *The Second Machine Age: Work, Pro gress, and Prosperity in a Time of Brilliant Technologies* (New York: W. W. Norton and Co., 2016); Kai- Fu Lee, *AI Superpowers: China, Silicon Valley, and the New World Order* (New York: Houghton Mifflin, 2018); Ming Zeng, *Smart Business: What Alibaba's Success Reveals about the Future of Strategy* (Boston: Harvard Business Review Press, 2018); Ajay Agrawal, Joshua Gans, and Avi Goldfarb, *Prediction Machines: The Simple Economics of Artificial Intelligence* (Boston: Harvard Business Review Press, 2018).

第二章

1. 非常感謝朱峰及帕雷普（Krishna Palepu）撰寫有關螞蟻集團的研究，並向我們介紹其非凡事業與營運模式，本章大量引用他們撰寫的個案研究系列文章：Feng Zhu, Ying Zhang, Krishna G. Palepu, Anthony K. Woo, and Nancy Hua Dai, "Ant Financial (A), (B), (C)," Case 9-617-060 (Boston: Harvard Business Publishing, 2018).

2. Lulu Yilun Chen, “Ant Financial Raises $14 Billion as Round Closes,” *Bloomberg*, June 7, 2018, https://www.bloomberg.com/news/articles/2018-06-08/ant-financial-raises-14-billion-as-latest-funding- round-closes.
3. 根據《富比士》雜誌，二〇一八年六月時，美國運通公司的市值為八百七十億美元，高盛集團的市值為九百二十億美元。螞蟻集團在二〇一八年募集到的金額，幾乎等同於美國及歐洲所有金融科技新創公司募集到的資金總額。
4. Alfred D. Chandler, *Scale and Scope: The Dynamics of Industrial Capitalism* (Cambridge, MA: Belknap Press, 1990).
5. 舉例來說，請參閱 David J. Teece, Gary Pisano, and Amy Shuen, “Dynamic Capabilities and Strategic Management,” *Strategic Management Journal* 18, no. 7 (1997): 509–533.
6. Robert H. Hayes, Steven C. Wheelwright, and Kim B. Clark, *Dynamic Manufacturing: Creating the Learning Organ ization* (New York: Free Press, 1998).
7. Zhu et al., “Ant Financial.”
8. Eric Mu, “Yu’ebao: A Brief History of the Chinese Internet Financing Startup,” *Forbes*, May 18, 2014, https://www.forbes.com/sites/ericxlmu/2014/05/18/yuebao-a-brief-history-of-the-chinese-internet- financing-upstart/#68523023c0e1.
9. Don Weinland and Sherry Fei Ju, “China’s Ant Financial Shows Cashless Is King,” *Financial Times*, April 13, 2018, https://www.ft.com/content/5033b53a-3eff-11e8-b9f9-de94fa33a81e.
10. Ming Zeng, “Alibaba and the Future of Business,” *Harvard Business Review*, September– October 2018, https://hbr.org/2018/09/alibaba-and-the-future-of-business.
11. 同上註。
12. Alexander Eule, “Wearable Technology with Pedals and Wheels,” *Barron’s*, December 13, 2014, https://www.barrons.com/articles/wearable-technology-with-pedals-and-wheels-1418445513.
13. Zoe Wood, “Ocado Defies the Critics and Aims to Deliver a £1bn Flotation,” *Guardian*, February 21, 2010, https://www.theguardian.com/business/2010/feb/21/ocado-flotation.
14. 尼坦二〇一九年一月與本書作者的談話及問答。

15. James Vincent, "Welcome to the Automated Ware house of the Future," *The Verge*, May 8, 2018, https://www.theverge.com/2018/5/8/17331250/automated-warehouses-jobs-ocado-andover-amazon.
16. Stephanie Condon, "Google I/O: From 'AI First' to AI Working for Every one," ZDNet.com, May 7, 2019, https://www.zdnet.com/article/google-io-from-ai-first-to-ai-working-for-everyone/.

第三章

1. 由衷感謝賈西莫維克（Vladimir Jacimovic）鼓勵我們針對這個概念進行許多研究，並提供寶貴的協助與諮詢。
2. "CineMatch: The Netflix Algorithm," *Lee's World of Algorithms* (blog), May 29, 2016, https:// leesworldofalgorithms.wordpress.com/2016/03/29/cinematch-the-netflix-algorithm/.
3. "Netflix, Inc. History," Funding Universe, accessed June 6, 2019, http://www.fundinguniverse.com/ company-histories/netflix-inc-history/.
4. David Carr, "Giving Viewers What They Want," *New York Times*, February 24, 2013, https://www. nytimes.com/2013/02/25/business/media/for-house-of-cards-using-big-data-to-guarantee-its-popularity. html.
5. Todd Spangler, "Netflix Eyeing Total of About 700 Original Series in 2018," *Variety*, February 27, 2018, https://variety.com/2018/digital/news/netflix-700-original-series-2018-1202711940/.
6. Nirmal Govind, "Optimizing the Netflix Streaming Experience with Data Science," Medium, June 11, 2014, https://medium.com/netflix-techblog/optimizing-the-netflix-streaming-experience-with-data- science-725f04c3e834.
7. Xavier Amatriain and Justin Basilico, "Netflix Recommendations: Beyond the 5 Stars (Part 2)," Medium, July 20, 2012, https://medium.com/netflix-techblog/netflix-recommendations-beyond-the-5- stars-part-2-d9b96aa399f5. 關於這個主題的更多討論，請參閱 Josef Adalian, "Inside the Binge Factory," *Vulture*, https://www.vulture.com/2018/06/how-netflix-swallowed-tv-industry.

html.

8. Ming Zeng, *Smart Business: What Alibaba's Success Reveals about the Future of Strategy* (Boston: Harvard Business Review Press, 2018).

9. 在我們看來，最驚人的一個資料化例子是中國曠視科技公司發展的人臉辨識系統 Face[++]，這種人工智慧系統可以運用在教室裡，透過臉部辨識攝影機來追蹤學生注意力及學習成效。那些想確保每個學生在課堂上充分專注的教授，自然會喜歡這種產品。

10. Ajay Agrawal, Joshua Gans, and Avi Goldfarb, *Prediction Machines: The Simple Economics of Artificial Intelligence* (Boston: Harvard Business Review Press, 2018).

11. 關於六大類演算法的設計，參見：Pedro Domingos, *The Master Algorithm: How the Quest for the Ultimate Learning Machine Will Remake Our World* (New York: Basic Books, 2018).

12. 結果可能是一種分類（例如狗或貓），使用的是邏輯迴歸（logistic regression）；結果也可能是一個數值（例如英語能力評分），使用的是線性迴歸（linear regression）。其他技巧更精進的方法包括支援向量機（support vector machines）、K近鄰演算法（K- nearest neighbor）、隨機森林（random forests）、神經網路（neural networks）等等，使用方法將視資料的深廣度及試圖解決的問題類型而定。

13. Ashok Chandrashekar, Fernando Amat, Justin Basilico, and Tony Jebara, "Artwork Personalization at Netflix," Medium, December 7, 2017, https://medium.com/netflix-techblog/artwork-personalization- c589f074ad76.

14. 同上註。

15. "It's All A/Bout Testing: The Netflix Experimentation Platform," Medium, April 29, 2016, https:// medium.com/netflix-techblog/its-all-a-bout-testing-the-netflix-experimentation-platform-4e1ca458c15.

16. Zeng, *Smart Business*. 關於阿里巴巴如何實行應用程式介面及資料基礎設施，參見這本書的第三章。

17. R. H. Mak et al., "Use of Crowd Innovation to Develop an Artificial Intelligence– Based Solution for Radiation Therapy Targeting," *JAMA Oncol*, published online April 18, 2019, doi:10.1001/jamaoncol.2019.0159.

第四章

1. API Evangelist, "The Secret to Amazon's Success— Internal APIs," January 12, 2012, https:// apievangelist.com/2012/01/12/the-secret-to-amazons-success-internal-apis/.
2. Melvin E. Conway, "How Do Committees Invent?" *Datamation* 14, no. 5 (1968): 28–31.
3. 本書作者顏西提在數十年前針對這個主題做研究，實證研究顯示這個論點是正確的。參見：Marco Iansiti, "From Technological Potential to Product Per for mance: An Empirical Analy sis," *Research Policy* 26, no. 3 (1997).
4. Lyra Colfer and Carliss Y. Baldwin, "The Mirroring Hypothesis: Theory, Evidence, and Exceptions," HBS working paper no. 10-058, January 2010.
5. Rebecca M. Henderson and Kim B. Clark, "Architectural Innovation: The Reconfiguration of Existing Product Technologies and the Failure of Established Firms," *Administrative Science Quarterly* 35, no 1 (1990): 9–30.
6. 這並不令人特別意外，韓德森和克拉克是克里斯汀生在哈佛商學院的論文指導委員會指導教授。
7. Clayton M. Christensen and R. S. Rosenbloom, "Explaining the Attacker's Advantage: Technological Paradigms, Organizational Dynamics, and the Value Network," *Research Policy* 24, no. 2 (1995): 233–257.
8. 若把軍隊及政府包含在內，組件化組織的例子出現於數千年前，古羅馬軍隊組織就是其中一個例子。
9. See Marco Iansiti and Roy Levien, *Keystone Advantage: What the New Dynamics of Business Ecosystems Mean for Strategy, Innovation, and Sustainability* (Boston: Harvard Business School Press, 2004), chapter 7.
10. 儘管擁有靈巧的營運架構，荷蘭東印度公司也從事一些不當的活動，包括奴隸及鴉片貿易，我們當然不認同這類活動。
11. R. P. Wibbelink and M. S. H. Heng, "Evolution of Orga nizational Structure and Strategy of the Automobile Industry," working paper, April 2000, https://pdfs.semanticscholar.org/7f66/ b5fa07e55bd57b881c6732d285347c141370.pdf.
12. Robert E. Cole, "What Really Happened to Toyota?" *MIT Sloan Management Review*, June 22, 2011, https://sloanreview.mit.edu/article/what-really-happened-to-toyota/.

13. Amazon Inc. v. Commissioner of Internal Revenue, docket no. 31197-12, filed March 23, 2017, p. 38 (148 T.C. no. 8).

第五章

1. 理查茲是楔石策略公司共同創辦人暨執行長。
2. Microsoft, "Satya Nadella Email to Employees: Embracing Our Future: Intelligent Cloud and Intelligent Edge," March 29, 2018, https://news.microsoft.com/2018/03/29/satya-nadella-email-to- employees-embracing-our-future-intelligent-cloud-and-intelligent-edge/.
3. 納德拉與本書作者的談話。
4. 微軟已經變成對開放原始碼軟體的重要貢獻者，在我們看來，這有點諷刺（但令人振奮），同時也是微軟的深層轉型基礎之一。在此之前，本書作者拉哈尼是致力於了解開放原始碼現象的研究學者，在當時，微軟被視為開放原始碼社群的敵視者，一九九〇年代及二〇〇〇年代，該公司主管稱開放原始碼運動是「反美」運動，更是智慧財產的摧毀者。微軟現在的轉變多大啊！參見：Charles Cooper, "Dead and Buried: Microsoft's Holy War on Open- Source Software," CNET, June 1, 2014, https://www.cnet.com/news/dead-and-buried-microsofts-holy- war-on-open-source-software/.
5. 二〇一九年一月接受本書作者訪談。
6. Microsoft, "Microsoft AI Princi ples," https://www.microsoft.com/en-us/ai/our-approach-to-ai.
7. 在微軟公司提供部分贊助下，我們和楔石策略公司共同合作進行此研究分析，聚焦在資料與分析對一家公司的商業模式及營運模式的影響。參見：Robert Bock, Marco Iansiti, and Karim R. Lakhani, "What the Companies on the Right Side of the Digital Business Divide Have in Common," HBR.org, January 31, 2017, https://hbr.org/2017/01/what-the-companies-on-the-right-side-of-the-digital-business-divide-have-in- common.
8. 二〇一九年一月接受本書作者訪談。

第六章

1. 可參見：Albert- László Barabási, “Network Science: The Barabási- Albert Model,” research paper, http://barabasi.com/f/622.pdf.
2. Marco Iansiti and Roy Levien, *The Keystone Advantage: What the New Dynamics of Business Ecosystems Mean for Strategy, Innovation, and Sustainability* (Boston: Harvard Business School Press, 2004); David Autor et al., “The Fall of the Labor Share and the Rise of Superstar Firms,” NBER working paper no. 23396, May 2017, https://www.nber.org/papers/w23396; Marco Iansiti and Karim R. Lakhani, “Managing Our Hub Economy,” *Harvard Business Review*, October 2017, https://hbr.org/ 2017/09/managing-our-hub-economy.
3. Feng Zhu and Marco Iansiti, “Entry into Platform Based Markets,” *Strategic Management Journal* 33, no. 1 (2012); Feng Zhu and Marco Iansiti, “Why Some Platforms Thrive and Others Don’t,” *Harvard Business Review*, January– February 2019, https://hbr.org/2019/01/why-some-platforms-thrive-and- others-dont.
4. 網路分析（network analysis）是一個通用詞，也被用於人（社會）、電腦，電力網，軟體模組，蛋白質等等的分析，基本元件是網路中節點和節點之間的連結。
5. Hal R. Varian, “Use and Abuse of Network Effects,” SSRN paper, September 17, 2017, https://papers. ssrn.com/sol3/papers.cfm?abstractid=3215488.
6. Harold DeMonaco et al., “When Patients Become Innovators,” *MIT Sloan Management Review*, Spring 2019, https://sloanreview.mit.edu/article/when-patients-become-innovators/.
7. 相關內容主要取材自 Zhu and Iansiti, “Why Some Platforms Thrive.”
8. 很可悲的是，美國的衛生系統大部分的辦公室內部和組織間的通訊仍然高度仰賴傳真機。
9. 相關內容主要取材自 Zhu and Iansiti, “Why Some Platforms Thrive.”
10. 同上註。

第七章

1. 如同我們將在第八章進一步的探討，這麼做的同時，這些學習分析幾乎無可避免會涉及一些偏見。演算法愈是量身打造內容以鼓勵用戶投入，它們的偏見問題就愈嚴重，用戶無可避免會點擊、互動及觀看更多他們感興趣的內容。
2. 非常感謝哈佛同事卡納（Tarun Khanna）、阿爾卡塞爾（Juan Alcacer）及絲妮維莉（Christine Snively）所做的諾基亞案例研究分析：Juan Alcacer, Tarun Khanna, and Christine Snively, "The Rise and Fall of Nokia," Case 714-428 (Harvard Business School, 2014, rev. 2017)。
3. 曾鳴在《智能商業模式：阿里巴巴利用數據智能與網絡協同的全新企業策略》（*Smart Business: What Alibaba's Success Reveals about the Future of Strategy*：Boston: Harvard Business Review Press, 2018）中詳細探討阿里巴巴的發展歷程，對使用數位型營運模式的競爭者如何破壞傳統零售業提供猶如操作指南般的分析。
4. 真實網路公司原名 Progressive Networks，由葛拉瑟（Rob Glaser）創建於一九九四年。

第八章

1. Centers for Disease Control and Prevention, https://www.cdc.gov/measles/cases-outbreaks.html.
2. A. L. Schmidt et al., "Polarization of the Vaccination Debate on Facebook," *Vaccine* 36, no. 25 (2018): 3606–3612; *Infectious Disease Advisor*, "Social Medicine: The Effect of Social Media on the Anti- Vaccine Movement," October 31, 2018, https://www.infectiousdiseaseadvisor.com/home/topics/ prevention/social-medicine-the-effect-of-social-media-on-the-anti-vaccine-movement/.
3. Peter Hotez, "Anti- Vaccine Movement Thrives in Parts of the United States," *Spectrum*, November 19, 2018, https://www.spectrumnews.org/news/anti-vaccine-movement-thrives-parts-united-states/.

4. Lena Sun, "Anti- Vaxxers Face Backlash as Measles Cases Surge," *Washington Post*, February 25, 2019, https://www.washingtonpost.com/national/health-science/anti-vaxxers-face-backlash-as-measles -cases-surge/2019/02/25/e2e986c6-391c-11e9-a06c-3ec8ed509d15_story.html?utm_term=.e8a7bf2286c7; A. Hussain, S. Ali, and S. Hussain, "The Anti- Vaccination Movement: A Regression in Modern Medicine," *Cureus* 10, no. 7 (2018).
5. Vyacheslav Polonski, "The Biggest Threat to Democracy? Your Social Media Feed," World Economic Forum, August 4, 2016, https://www.weforum.org/agenda/2016/08/the-biggest-threat-to-democracy- your-socia-media-feed/.
6. B. Edelman, M. Luca, and D. Svirsky, "Racial Discrimination in the Sharing Economy: Evidence from a Field Experiment," *American Economic Journal: Applied Economics* 9, no. 2 (2017): 1–22.
7. 舉例來說，請參閱 Robert Bartlett, Adair Morse, Richard Stanton, and Nancy Wallace, "Consumer- Lending Discrimination in the Era of FinTech," Berkeley research paper, October 2018, http://faculty . haas.berkeley.edu/morse/research/papers/discrim.pdf.
8. Jeffrey Dastin, "Amazon Scraps Secret AI Recruiting Tool That Showed Bias Against Women," *Reuters*, October 9, 2018, https://www.reuters.com/article/us-amazon-com-jobs-automation-insight/ amazon-scraps-secret-ai-recruiting-tool-that-showed-bias-against-women-idUSKCN1MK08G.
9. Joy Buolamwini and Timnit Gebru, "Gender Shades: Intersectional Accuracy Disparities in Commercial Gender Classification," *Proceedings of Machine Learning Research* 81, no. 1 (2018): 1–15.
10. Joy Buolamwini, "How I'm Fighting Bias in Algorithms," TED, https://www.ted.com/talks/joy_ buolamwini_how_I_m_fighting_bias_in_algorithms?language=en.
11. Sam Levin, "A Beauty Contest Was Judged by AI and the Robots Didn't Like Dark Skin," *Guardian*, September 8, 2016, https://www.theguardian.com/technology/2016/sep/08/artificial-intelligence- beauty-contest-doesnt-like-black-people; see also Jordan Pearson, "Why an AI- Judged Beauty Contest Picked Nearly All White Winners," Motherboard, *Vice*, September 5, 2016, https://motherboard.vice. com/en_us/article/78k7de/why-an-ai-judged-beauty-contest-picked-nearly-all-white-winners.
12. Emiel van Miltenburg, "Stereotyping and Bias in the Flickr30K Dataset," *Proceedings of the Workshop on Multimodal Corpora*,

May 24, 2016, https://arxiv.org/pdf/1605.06083.pdf.

13. Adam Hadhazy, "Biased Bots: Artificial- Intelligence Systems Echo Human Prejudices," Princeton University, April 18, 2017, https://www.princeton.edu/news/2017/04/18/biased-bots-artificial- intelligence-systems-echo-human-prejudices.

14. 參閱 Aylin Caliskan, Joanna J. Bryson, and Arvind Narayanan, "Semantics Derived Automatically from Language Corpora Contain Human- Like Biases," *Science* 356, no. 6334 (2017): 183–186.

15. Tom Simonite, "Machines Taught by Photos Learn a Sexist View of Women," *Wired*, August 21, 2017, https://www.wired.com/story/machines-taught-by-photos-learn-a-sexist-view-of-women/.

16. Tristan Greene, " Human Bias Is a Huge Prob lem for AI. Here's How We're Going to Fix It," *TNW*, April 10, 2018, https://thenextweb.com/artificial-intelligence/2018/04/10/human-bias-huge-problem-ai -heres-going-fix/.

17. 蠻力攻擊是一種試誤法，試圖發現用戶的密碼或個人識別碼；網路入侵攻擊是一種旨在盜取資料資產（例如信用卡的詳細資訊）的網路威脅；分散式阻斷服務攻擊是一種統籌協調式攻擊，企圖以來自許多入侵源頭的龐大偽流量淹沒一應用程式，使它招架不住而暫時中斷服務或癱瘓。參見：Rosa Wang, "How China Is Dif fer ent, Part 3— Security and Compliance," Medium, March 13, 2019, https://medium.com/@Alibaba_ Cloud/how-china-is-different-part-3-security-and-compliance- 3b996eef124b; "Safeguarding the Double 11 Shopping Festival with Power ful Security Technologies," Alibaba Cloud, November 9, 2018, https://www.alibabacloud.com/blog/ safeguarding-the-double-11- shopping-festival-with-powerful-security-technologies 594163.

18. Brian Fung, "Equifax's Massive 2017 Data Breach Keeps Getting Worse," *Washington Post*, March 1, 2018, https://www.washingtonpost.com/news/the-switch/wp/2018/03/01/equifax-keeps-finding- millions-more-people-who-were-affected-by-its-massive-data-breach/?noredirect=on.

19. AnnaMaria Andriotis and Emily Glazer, "Equifax CEO Richard Smith to Exit Following Massive Data Breach," *Wall Street Journal*, September 26, 2017, https://www.wsj.com/articles/equifax-ceo-richard- smith-to-retire-following-massive-data-breach-1506431571.

20. Tara Siegel Bernard and Stacy Cowley, "Equifax Breach Caused by Lone Employee's Error, Former C.E.O. Says," *New York Times*, October 3, 2017, https://www.nytimes.com/2017/10/03/business/ equifax-congress-data-breach.html; United States Accountability Office, "Data Protection: Actions Taken by Equifax and Federal Agencies in Response to the 2017 Breach," https://www.warren.senate . gov/imo/media/doc/2018.09.06% 20GAO% 20Equifax% 20report.pdf.
21. Bernard and Cowley, "Equifax Breach Cause by Lone Employee's Error."
22. US Accountability Office, "Data Protection."
23. Chris Isidore, "Equifax's Delayed Hack Disclosure: Did It Break the Law?" CNN, September 8, 2017, https://perma.cc/WB44-7AMS.
24. Tao Security, "The Origin of the Quote ' There Are Two Types of Companies,'" December 18, 2018, https://taosecurity.blogspot.com/2018/12/the-origin-of-quote-there-are-two-types.html.
25. Jen Wieczner, "Equifax CEO Richard Smith Who Oversaw Breach to Collect $90 Million," *Fortune*, September 26, 2017, http://fortune.com/2017/09/26/equifax-ceo-richard-smith-net-worth/; Ben Lane, "Equifax Expecting Punishment from CFPB and FTC over Massive Data Breach," Housingwire, February 25, 2019, https://www.housingwire.com/articles/48267-equifax-expecting-punishment-from- cfpb-and-ftc-over-massive-data-breach.
26. Suraj Srinivasan, Quinn Pitcher, and Jonah S. Goldberg, "Data Breach at Equifax," case 9-118-031 (Boston: Harvard Business School, October 2017, rev. April 2019).
27. Elizabeth Dwoskin and Craig Timberg, "Inside YouTube's Struggles to Shut Down Video of the New Zealand Shooting—and the Humans Who Outsmarted Its Systems," *Washington Post*, March 18, 2019, https://www.washingtonpost.com/technology/2019/03/18/inside-youtubes-struggles-shut-down-video-new- zealand-shooting-humans-who-outsmarted-its-systems/?utm_term=.b50132329b05.
28. United States Department of Justice, https://assets.documentcloud.org/documents/4380504/The- Special-Counsel-s-Indictment-of-the-Internet.pdf.

29. 同上註。Elaine Karmack, "Malevolent Soft Power, AI, and the Threat to Democracy," Brookings Institute, November 29, 2018, https://www.brookings.edu/research/malevolent-soft-power-ai-and- the-threat-to- democracy/.
30. Harry Davies, "Ted Cruz Using Firm That Harvested Data on Millions of Unwitting Facebook Users," *Guardian*, December 11, 2015, https://www.theguardian.com/us-news/2015/dec/11/senator-ted-cruz- president-campaign-facebook-user-data.
31. Julia Carrie Wong, Paul Lewis, and Harry Davies, "How Academic at Centre of Facebook Scandal Tried— and Failed—to Spin Personal Data into Gold," *Guardian*, April 24, 2018, https://www. theguardian.com/news/2018/apr/24/aleksandr-kogan-cambridge-analytica-facebook-data-business- ventures.
32. Nicholas Confessore and David Gelles, "Facebook Fallout Deals Blow to Mercers' Po liti cal Clout," *New York Times*, April 10, 2018, https://www.nytimes.com/2018/04/10/us/politics/mercer-family- cambridge-analytica.html; Davies, "Ted Cruz Using Firm That Harvested Data."
33. Robert Hutton and Svenja O'Donnell, " 'Brexit' Campaigners Put Their Faith in U.S. Data Wranglers," *Bloomberg*, November 18, 2015, https://www.bloomberg.com/news/articles/2015-11-19/brexit- campaigners-put-their-faith-in-u-s-data-wranglers.
34. Mathias Schwartz, "Facebook Failed to Protect 30 Million Users from Having Their Data Harvested by Trump Campaign Affiliate," *Intercept*, March 30, 2017, https://theintercept.com/2017/03/30/facebook- failed-to-protect-30-million-users-from-having-their-data-harvested-by-trump-campaign-affiliate/.
35. Donie O' Sullivan, "Scientist at Center of Data Controversy Says Facebook is Making Him a Scapegoat," CNN, March 20, 2018, https://money.cnn.com/2018/03/20/technology/aleksandr-kogan- interview/index.html.
36. Jane Mayer, "New Evidence Emerges of Steve Bannon and Cambridge Analytica's Role in Brexit," *New Yorker*, November 17, 2018, https://www.newyorker.com/news/news-desk/new-evidence-emerges -of-steve-bannon-and-cambridge-analyticas-role-in-brexit.
37. Kevin Granville, "Facebook and Cambridge Analytica: What You Need to Know as Fallout Widens," *New York Times*, March 19, 2018, https://www.nytimes.com/2018/03/19/technology/facebook- cambridge-analytica-explained.html.

38. Nicholas Thompson and Fred Vogelstein, "A Hurricane Flattens Facebook," *Wired*, March 20, 2018, https://www.wired.com/story/facebook-cambridge-analytica-response/.
39. Robert Hackett, "Massive Android Malware Outbreak Invades Google Play Store," *Fortune*, September 14, 2017, http://fortune.com/2017/09/14/google-play-android-malware/.
40. Feng Zhu and Qihong Liu, "Competing with Complementors: An Empirical Look at Amazon.com," Harvard Business School Technology & Operations Mgt. Working Paper No. 15-044, *Strategic Management Journal*, forthcoming.
41. Marco Iansiti and Roy Levien, *The Keystone Advantage: What the New Dynamics of Business Ecosystems Mean for Strategy, Innovation, and Sustainability* (Boston: Harvard Business School Press, 2004).
42. Matthew Martin, Dinesh Nair, and Nour Al Ali, "Uber to Seal $3.1 Billion Deal to Buy Careem This Week," *Bloomburg*, March 24, 2019, https://www.bloomberg.com/news/articles/2019-03-24/uber-is- said-to-seal-3-1-billion-deal-to-buy-careem-this-week.
43. Jackie Wattles and Donie O' Sullivan, "Facebook's Mark Zuckerberg Calls for More Regulation of the Internet," *CNN*, March 30, 2019, https://www.cnn.com/2019/03/30/tech/facebook-mark-zuckerberg- regulation/index.html.
44. Cade Metz and Mike Isaac, "Facebook's A.I. Whiz Now Faces the Task of Cleaning It Up. Sometimes That Brings Him to Tears," *New York Times*, May 17, 2019, https://www.nytimes.com/2019/05/17/ technology/facebook-ai-schroepfer.html?action=click&module=Well&pgtype=Homepage&section= Technology.
45. Tim Starks, "How the DNC Has Overhauled Its Digital Defenses," *Politico*, October 17, 2018, https:// www.politico.com/newsletters/morning-cybersecurity/2018/10/17/how-the-dnc-has-overhauled-its- digital-defenses-377117.
46. Iansiti and Levien, *The Keystone Advantage*.
47. See *UC Davis Law Review*, "Information Fiduciaries and the First Amendment," https://lawreview.law. ucdavis.edu/issues/49/4/Lecture/49-4_ Balkin.pdf; "Jonathan Zittrain and Jack Balkin Propose *Information Fiduciaries* to Protect Individual Rights," *Technology Academics Policy*, September 28, 2018, http://www.techpolicy.com/Blog/September-2018/Jonathan-Zittrain-and-Jack-Balkin-Propose- Informat.aspx; and Jonathan Zittrain, "How to Exercise the Power You Didn't Ask For," HBR.org,

September 19, 2018, https://hbr.org/2018/09/how-to-exercise-the-power-you-didnt-ask-for.

48. "Zittrain and Balkin, *Propose Information Fiduciaries*."

49. Jack M. Balkin and Jonathan Zittrain, "A Grand Bargain to Make Tech Companies Trustworthy," *Atlantic*, October 3, 2016, https://www.theatlantic.com/technology/archive/2016/10/information- fiduciary/502346/.

50. 同上註。

51. Katie Collins, "Facebook Promises to Back US Privacy Regulation," *CNet*, October 24, 2018, https:// www.cnet.com/news/facebook-promises-to-back-us-privacy-regulation/.

第九章

1. Clive Thompson, "When Robots Take All of Our Jobs, Remember the Luddites," *Smithsonian Magazine*, January 2017, https:// www.smithsonianmag.com/innovation/when-robots-take-jobs- remember-luddites-180961423/.

2. Daron Acemoglu and Pascual Restrepo, "Robots and Jobs: Evidence from US Labor Markets," NBER working paper no. 23285, March 2017, https://www.nber.org/papers/w23285; McKinsey, "A Future That Works: Automation, Employment, and Productivity," January 2017, https://www.mckinsey.com/ ~/media/mckinsey/featured ％ 20insights/Digital ％ 20Disruption/Harnessing％ 20automation％ 20for％ 20a％ 20future％ 20that％ 20works/MGI-A-future-that-works- Executive-summary.ashx.

3. Erik Brynjolfsson, Tom Mitchell, and Daniel Rock, "What Can Machines Learn and What Does It Mean for Occupations and the Economy," *AEA Papers and Proceedings* 108 (2018): 43–47.

4. David Autor and Anna Salomons, "Is Automation Labor- Displacing? Productivity Growth, Employment, and the Labor Share," Brookings Papers on Economic Activities, March 2018, https:// www.brookings.edu/wp-content/uploads/2018/03/1_autorsalomons.pdf.

5. 從傳真機到媒體平台，在許多案例中，網路提高的價值為 Ne，e 大於一，或是 N log N。
6. The Luddites at 200, “Lord Byron’s Speech,” http://www.luddites200.org.uk/LordByronspeech.html .

第十章

1. W. R. Kerr and E. Moloney, “Vodafone: Managing Advanced Technologies and Artificial Intelligence,” case 9-318-109 (Boston: Harvard Business School Publishing, February 2018), 1.
2. 「自創立以來，我們已經產生顯著虧損，包括在美國及其他大市場。我們預期，在目前預見的未來，我們的營業費用將顯著增加，我們可能無法轉虧為盈。」參見：US Securities and Exchange Commission, registration statement “Uber Technologies Inc.,” https://www.sec.gov/Archives/edgar/data/1543151/000119312519103850/ d647752ds1.htm, p. 12.
3. Marco Iansiti and Karim R. Lakhani, “The Truth about Blockchain,” *Harvard Business Review*, January– February 2017, https://hbr.org/2017/01/the-truth-about-blockchain.
4. Shane Greenstein, Yuan Gu, and Feng Zhu, “Ideological Segregation among Online Collaborators: Evidence from Wikipedians,” NBER working paper no. 22744, October 2017 (rev. March 2017), https://www.nber.org/papers/w22744.
5. Feng Shi, Misha Teplitskiy, Eamon Duede, and James A. Evans, “The Wisdom of Polarized Crowds,” *Nature Human Behaviour* 3 (2019): 329–336.
6. See https://www.partnershiponai.org/.

國家圖書館出版品預行編目(CIP)資料

領導者的數位轉型／馬可・顏西提（Marco Iansiti），
卡林・拉哈尼（Karim R. Lakhani）著；李芳齡譯. --
第一版. -- 臺北市：遠見天下文化出版股份有限公司,
2021.05
368面；14.8×21公分. --（財經企管；BCB729）
譯自：Competing in the Age of AI: Strategy and Leadership
When Algorithms and Networks Run the World

ISBN 978-986-525-142-0(平裝)

1.企業經營 2.數位科技 3.領導者

494.1 110005408

財經企管 BCB729

領導者的數位轉型

Competing in the Age of AI: Strategy and Leadership When Algorithms and Networks Run the World

作者 — 馬可・顏西提　Marco Iansiti、
　　　　卡林・拉哈尼　Karim R. Lakhani
譯者 — 李芳齡

總編輯 — 吳佩穎
書系主編 — 蘇鵬元
責任編輯 — Jin Huang（特約）
封面設計 — 江孟達工作室

出版者 — 遠見天下文化出版股份有限公司
創辦人 — 高希均、王力行
遠見・天下文化 事業群榮譽董事長 — 高希均
遠見・天下文化 事業群董事長 — 王力行
天下文化社長 — 林天來
國際事務開發部兼版權中心總監 — 潘欣
法律顧問 — 理律法律事務所陳長文律師
著作權顧問 — 魏啟翔律師
地址 — 臺北市 104 松江路 93 巷 1 號
讀者服務專線 —（02）2662-0012 ｜傳真 —（02）2662-0007；2662-0009
電子郵件信箱 — cwpc@cwgv.com.tw
郵政劃撥 — 1326703-6 號　遠見天下文化出版股份有限公司
出版登記 — 局版台業字第 2517 號

電腦排版 — 立全電腦印前排版有限公司
製版廠 — 中原造像股份有限公司
印刷廠 — 中原造像股份有限公司
裝訂廠 — 中原造像股份有限公司
總經銷 — 大和書報圖書股份有限公司 電話｜（02）8990-2588
出版日期 — 2021 年 5 月 10 日第一版第一次印行
　　　　　2023 年 6 月 9 日第一版第九次印行

定價 — 500 元
ISBN — 978-986-525-142-0
書號 — BCB729
天下文化官網 — bookzone.cwgv.com.tw

天下文化
BELIEVE IN READING